震泽沧桑

常州古代水利史

常州市水利局 编

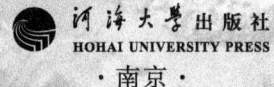

图书在版编目(CIP)数据

震泽沧桑：常州古代水利史 / 常州市水利局编.
南京：河海大学出版社，2025.3. -- ISBN 978-7-5630-9692-3

Ⅰ．TV-092

中国国家版本馆 CIP 数据核字第 2025MX9708 号

书　　名	震泽沧桑——常州古代水利史 ZHENZE CANGSANG—CHANGZHOU GUDAI SHUILI SHI
书　　号	ISBN 978-7-5630-9692-3
责任编辑	杜文渊
文字编辑	谢淑慧
特约校对	李浪　杜彩平
装帧设计	徐娟娟
出版发行	河海大学出版社
地　　址	南京市西康路1号(邮编:210098)
电　　话	(025)83737852(总编室)　(025)83722833(营销部)
经　　销	江苏省新华发行集团有限公司
排　　版	南京月叶图文制作有限公司
印　　刷	广东虎彩云印刷有限公司
开　　本	700毫米×1000毫米　1/16
印　　张	12.5
字　　数	201千字
版　　次	2025年3月第1版
印　　次	2025年3月第1次印刷
定　　价	78.00元

《震泽沧桑——常州古代水利史》

编写委员会

主任委员：是 峰
副主任委员：沈筱飞　裴红鑫　陈汉新
委　　　员：张振华　张 勇　易 立

编写工作组

组　　长：朱献军
副组长：荆志伟　郭 建　刘丹杰
组　员：包璐华　邵春楼　王 敏　殷奇红　张吉成
　　　　陈 斌　李 娟　孙雪华　荀 俊　蒋 晨
　　　　谈新锋　赵宏为　刘晨烨　陈靖清　朱小磊
　　　　黄金军
编著者：王 援

序

长江三角洲的太湖流域富庶繁荣，以鱼米之乡闻名于世，常州就坐落在这块风水宝地上，但是常州乃至太湖流域并非从来如此。那么，它们有着怎样的过去？又经历了怎样的故事？《震泽沧桑》从常州古代水利史的视角阐述了这个问题。

《震泽沧桑》把常州古代水利史纳入太湖流域沧桑巨变的宏观叙事之中，高屋建瓴，视野广阔。该书说明：(1) 常州古代史即太湖流域水利史——从万年的时空尺度看是环境创造人类，而从千年的时空尺度看，人类可以大规模改造自身所处的环境，而这种改造的基本手段是水利活动；(2) 鱼米之乡即人类水利活动的成果——太湖流域古称震泽，其地水土卑下，瘴疠横行，从新石器时代起，人们就在这里开河筑坝、修堤造田，逐渐把这里改造成阡陌锦绣、市井繁华的人间天堂。

《震泽沧桑》通过对常州水利史的深入研究，揭示了鱼米之乡的形成过程及独特机制，史料丰富，开卷有益。该书显示：(1) 它是一本资料性工具书——十分注重史料的收集和引证，所述史实均附有文献出处及原文，做到有根有据、有案可稽，不仅增强了记述的可信度，还对相关研究的深化具有参考价值。(2) 它还是一本研究性论著——从自然环境的演变入手，以人与自然的互动为主线，记述了震泽（含芙蓉湖）的消失，中江的萎缩，太湖、涡湖、长荡湖、大运河的生成，为厘清常州水利史中一些模糊的问题提出了自己的见解并提供了有益的思路。

《震泽沧桑》关于常州人水利活动的记述展现了常州乃至江南人文精神的发生发展过程，因此，它还是一本弘扬水利精神的励志书。数千年来，荒蛮的震泽与周边地区相比经历了持续加速的弯道超车过程，其动力是世代生活于斯的劳动人民。他们因为专注于农田水利、发展经济而吃苦耐劳、自强不息，又因为长期与水患作斗争而英勇刚强、坚韧不拔。他们的性情就像与他们世代相伴、休戚与共的水一样，刚柔相济——"天下莫柔弱于水，而攻坚强者莫之能胜"，所有生长在这里、来到这里的人都被赋予这种特质，并通过基因血脉，更通过风土文化而世代传承。

罗浩辉

2024.5.1

目录

绪论 ·· 1

楔子 ·· 8

第一章　新石器时代 ··· 11
　　第一节　滨海湖沼 / 12
　　第二节　震泽、三江 / 13
　　第三节　虞舜过化 / 19
　　第四节　大禹治水 / 20

第二章　夏商周时期 ··· 21
　　第一节　五湖生成 / 21
　　第二节　无锡湖开发 / 24
　　第三节　河道开浚 / 25

第三章　秦汉三国时期 ·· 32
　　第一节　震泽演化 / 33
　　第二节　江南运河 / 36
　　第三节　孙吴屯田 / 41

第四章　两晋南朝时期 ································· 42
第一节　塘坝修建 / 42
第二节　江南运河 / 45
第三节　湖区开垦 / 47

第五章　隋唐五代时期 ································· 50
第一节　河道开浚 / 51
第二节　堰闸塘坝 / 56

第六章　宋元时期 ····································· 62
第一节　河道开浚 / 63
第二节　堰闸塘坝 / 74
第三节　圩田开垦 / 79

第七章　明朝时期 ····································· 82
第一节　河道开浚 / 84
第二节　堰闸塘坝 / 101
第三节　圩田开垦 / 112

第八章　清朝时期 ····································· 120
第一节　河道开浚 / 121
第二节　塘坝堰闸 / 135
第三节　圩田开垦 / 143

附录一　常州地区不同历史时期的水旱灾害 ················ 148

附录二　常州地区不同历史时期的水系示意图 ·············· 177

绪　论

在东海之滨长江三角洲的太湖流域，有一块以"锦绣江南"闻名于世的土地，常州就是镶嵌其上的一颗明珠。

常州地处太湖流域西部，在千万年的地质构造运动中，形成西南高、东北低的地势特征，犹如一只向东北略微倾斜的浅碟。其西有宁镇山脉，南有宜溧山脉，北有长江，东有太湖（古代有芙蓉湖），腹地有滆湖、长荡湖。长江经年累月的冲积在丘陵江湖之间形成广袤的平原、湿地，以及星罗棋布的湖荡、纵横交错的河流。千百年来，常州先民筚路蓝缕，在这里筑圩修堤，垒坝建塘，开河通流，围湖造田，把曾经地广人稀、田多恶秽的卑湿之地改造成水土肥美、良田万顷的鱼米之乡。

一

常州作为江南水乡，并非从来就是现在这个样子。在先秦时期，现常州地区为古震泽的一部分。震泽即如今太湖流域的前身，史籍记载，当时这里是自然条件恶劣的巨大沼泽湿地，其中湖荡泛滥，港汊横流，从农耕文明的视角看，其水系杂乱无章，极难开发，不宜人居。古震泽演化为富庶的江南水乡，一方面是自然造化的结果（见本书"楔子"），另一方面也是数千年来常州先民智慧和劳动的结晶。

现代考古发现，常州先民曾在古震泽以渔猎和种植水稻为生，有一些初步的水利活动。相传，原始社会末期的大禹曾在这里治水，《尚书·禹贡》有"彭蠡既猪（潴），阳鸟攸居。三江既入，震泽底定"的记载。

先秦至东汉，由于中国东部地区气候总体上趋于凉爽，古震泽农业开发的客观条件逐渐成熟。不过，统治者组织的见诸记载的农田水利活动屈指可数且语焉不详，如春秋时伍子胥开胥溪、战国时春申君治无锡湖，而民间开展的零星、自发的农田水利活动也大多不见记载。但是，所有这些活动都对当地的水环境产生巨大改变并影响深远。

西晋末年，晋室南迁，大批高官贵族、中小地主随之进入太湖流域，生齿渐繁，农事渐兴，当地经济和人口均有所增长。史书记载，两晋南北朝也兴办过一些水利工程，东晋时有张闿围垦芙蓉湖，南朝时有宋文帝治理阳湖、谢法崇修建谢塘等的零星记载，不过朝廷的主要精力仍在对百姓征收赋役上。隋唐时期，随人口的增长，朝廷、官府开始统筹太湖流域的水利事业，常州地方官达奚明、孟简、李栖筠等兴办过一些较大的水利工程，但是仍然缺乏系统的理论研究和总体规划。唐末杨吴、南唐政权偏安一隅，因人口滋长，开始重视水利，思考怎样"障水为防，治湖为田"，解决农业、水运的水源和水患问题。

宋代以后，许多官员、学者潜心调研、议论太湖流域水利，阐述当地水情、水患及"上堵下泄，化害为利"治理思路。北宋有单锷、郑亶等著书立说，明代有周斯（溧阳人）著《治河书》二卷，张国维的《吴中水利全书》集以往太湖流域水利学说之大成，清代有溧阳知县吴学濂撰《溧阳水说》。历朝地方官员如宋代的李余庆、王安石、许恢，明代的周忱、施观民、穆炜、史际、李光祖、柯友桂，清代的慕天颜、林则徐等均是这些理论学说的力行者。

二

劳动人民数千年的水利活动改造了震泽原有的水系。

汉代以前，震泽中有三江，它们是北江（后称长江）、中江（后称濑水、胥溪）、南江。远古时期，长江到达芜湖后，向东通过震泽这一巨大湿地漫流入海。此时的震泽河道如蛛网密布。史书记载，长荡湖旧有81个浦口，宜兴旧有百渎（约100条通太湖的水道），都是震泽中东行泄水河道（还有许多北行入江的河道），三江是其中的主要河道。根据大禹治水的记载，三江的疏通是治理震泽水患的关键。商周以后，宏观气候转凉，长江水位下降，长江下游泥沙堆积，震泽逐渐适宜人居，周边部族进入开发。最初的开发在震泽中的丘陵周边及高亢地带（当地人称为墩），以后逐渐扩大到更加低洼的地带，这些低洼地带现称冲湖积平原，海拔均在6米以下。圩田围垦是震泽开发的基本活动，人们修圩堤、筑河塘以挡水、蓄水、导水、泄水，人工湖塘和河道与圩田相伴而生。秦汉以后，震泽的中西部的圩田应达到相当的规模，其中的水面与圩田逐步分离、定型并扩大；约在东汉时，自西至东形成长塘湖、滆湖、太湖；长塘湖以北有湿地天荒荡与其相连；太湖以北有浅湖与其相连并达长江，名芙蓉湖（含黄天荡等湿地）。太湖生成于震泽，震泽范围大于太湖。汉代以后，由于前述原因，北江在北行后又右转，向东延伸；南江消失，遗迹难寻；中江萎缩，水量大减。因为太湖处于震泽中部又面积最大，后人仍旧称其为震泽，许多人甚至以为太湖即是震泽。

震泽消失、太湖生成引起三江概念的变化。太湖形成、基本定型后，后世专家研究水利，仍然把三江对太湖洪水的疏导放在首要地位，但是他们所说的三江已与先前大相径庭。他们看到和叙述的是太湖东泄入海的三条河道，一般指娄江、吴淞江和东江。汉代以前的三江是相对震泽而言的，汉代以后的三江是相对太湖而言的。（其间，还有其他关于三江的不同说法，它们或者属于臆断，或者与震泽、太湖无关）

三国孙吴时期，孙权在毗陵屯田，规模较大。此屯田应是围湖造田，对现常州地域的经济发展有很大作用，毗陵的行政级别因此上升为郡。晋代以后，当地圩田继续发展。

到宋代，朝廷开始在胥溪上游筑坝截流，以减轻太湖流域水患，同时大规模围垦芙蓉湖，收到一定成效，但是这一举措未能持续实施。一直到明代，朝廷才下决心在胥溪上游筑上、下两坝，截断其东行之水，常州水患大大减轻，芙蓉湖全部建成圩田（汉代的芙蓉湖面积15 300顷，比今金坛区土地总面积还要多）。芙蓉湖能够开发成田，不仅由于它的浅，更是由于它靠近长江，可以依托长江排灌。而长塘湖、滆湖、太湖因为是其周边农田的水库，必须保留。明代以后，太湖流域的湿地基本开发完毕，产生大片高产圩田，圩田与湖面达到一种相对的平衡，形成优良的水乡环境。圩田开发造就大量水田，水田的农业产出大大高于旱田。"苏湖常秀土田高下不等，以十分为率，低田七分，高田三分。所谓'天下之利莫大于水田，水田之美无过于浙右'。"据1982年的数据，武进县全部耕地中水田占85.9%，金坛占85.4%，溧阳占81.6%。

经过数千年的围垦开发，震泽分化，形成水系发达、排灌方便、良田数万顷的江南水乡（今太湖流域）。常州地域内，西部、南部丘陵山区、高亢平原有大量塘坝蓄水；中部、东部有长荡湖（长塘湖）、滆湖、太湖蓄水，其中有大量经开凿、疏浚的河道连通塘坝、湖泊、长江。常州连接各湖区的重要河道有胥溪河、南运河、珥渎（今丹金溧漕河北段）、古荆溪（今丹金溧漕河中段）、孟津河、夏溪河、北干河、扁担河、北塘河等，重要通江河道有利港、灶子港、烈塘、孟渎、京杭大运河等。

由于太湖东面冲击平原形成时间较晚，这些河流的地表情况变化很大，至明中叶后，只有黄浦江成为太湖东面主要的天然河流和入海通道，不过，自然形成和人工开挖的中小河流，仍然众多，密如蛛网。它们是区域内水利和航运的重要地利条件，也是淡水资源和淡水产品的重要宝库。这些东西向的中小河流与南北向的大运河以及众多湖泊，彼此贯通勾连，共同构成了便于航运和灌溉的著名江南平原水网。

三

大规模的圩田开发使太湖流域成为农耕经济时代最富庶的地区，也逐渐成为封建王朝重要的税赋之地。随着商品经济的发展和漕粮运输的需要，京杭大运河江南段（此处只叙述苏州到镇江运河段的历史）应运而生。

东汉《越绝书》有春秋"吴古故水道"的记述。这条水道从汉代吴郡的平门（今苏州北门）北上，经过无锡东，进入杨湖（古阳湖），到渔浦（今利港）进入长江，然后可以溯江到达江北的广陵（今扬州）。此水道有相当多的路程穿行于湖荡，从阳湖到渔浦实际就是进古芙蓉湖，然后直到江边。这条河与胥溪一样，为疏通自然水道而成，具有漕运功能。当时，在渔浦以西有许多入江的自然河道，因为河道窄浅等客观条件限制，基本不能通行。

秦始皇统一中国后，在谷阳县（今丹徒）江边凿北冈，试图沟通谷阳和云阳（今丹阳）两地（后世称丹徒水道），这是江南运河入江口（渔浦）的西移，应是没有成功。因为秦始皇最后一次南巡北返，从太湖东面的吴地绕行后再沿海北上，却选择在江乘（今南京市栖霞区与句容市之间的江边）渡江。秦汉时期，毗陵到丹徒应逐渐发展出一条漕运水路，东接芙蓉湖，但西行困难，其自然原因是从曲阿到丹徒水源不足，且地势较高，两边河水无法翻越。

相传，东汉时曲阿境内的孟渎（今属常州市武进区）开通，这是江南运河入江口（渔浦）的又一次西移，此后孟渎也具备漕运功能。根据孟渎的自然条件，此河开通有可能，因为该河本来就是当地入江通道，且没有丘陵山脉的阻挡。此时，从江南运河分水进入长江的河道应该有许多条，但是综合条件不如孟渎，例如与其东面的烈塘相比，孟渎有位置靠西、河道较宽的优势。因为孟渎入江口的开通，江南运河南连胥溪的西蠡河也承担了漕运功能。

三国、南北朝时，由于南北政权分裂，江南政治中心在建业（建康），江南运河曲阿至丹徒河道的漕运功能减弱，取而代之的是从曲阿向西连接秦淮河的河道。孙吴时期，朝廷曾下令凿通秦淮水系与太湖水系的分水岭（名破冈，在句容东南）建立一条水道，称破冈渎。南朝梁时，朝廷又在破冈渎北，平行开凿同样的一条运河，称上容渎。

西晋末东晋初，地方官府在丹徒和曲阿之间，阻拦山溪水，修建练湖和新丰塘两大人工湖以资灌溉，同时补充了丹徒水道的水源，提高了它的通航能力。尽管如此，这段运河仍然需要经常疏浚，才能维持通航。

隋朝统一全国后，朝廷全面疏浚开通润州至常州的水道，京杭大运河江南段通航能力增强；同时，破冈渎、上容渎逐渐废弃。从秦汉至南朝，毗陵以东的漕运水道有一段是芙蓉湖面，它在宋建湖、阳湖开发以后才逐渐转变为河道，唐代江阴漕运仍然穿越芙蓉湖经毗陵去京口。以后在唐、宋、元各朝，江南大运河北端以京口至奔牛运河为主、孟渎为辅，承担漕运功能；金坛、溧阳有荆城港（古荆溪）、泾渎连通胥溪和大运河，承担漕运功能。

明代以后，漕运繁忙，孟渎漕运任务增加。例如，为防拥堵，漕运回程空船就从孟渎南下；每年京口浚河，漕运船只就在孟渎北上。同时，又疏浚烈塘河（德胜河），使之承担部分漕运功能。到清代，京杭大运河常州段入江有三条水道，一走京口，一走孟渎，一走德胜河。以此为主干的运河网络西南连胥溪，东南接苏杭，极大地推动了常州经济的繁荣。

"常郡南俯震泽，北枕大江，西承金坛、长兴、溧阳来源之水，东泻苏境。其地形西北高、东南下。盖武、江多惧旱，无、宜、常畏潦，然较之苏、松之水沉陆，稍则有间，且国税徭役自常而镇，则例渐轻，兼有夏麦输租，不似苏、松之仅征秋谷。穷檐荜屋皆精治田，沿江诸港涌潮易淤，近山诸溪、滨湖诸渎涓流清浅，并宜疏导，古人历著成言，考之殊合窾会，修治比絜，苏松亦易为力。"（[明]张国维，《吴中水利全书》卷一《常州府全境水利图说》）

"金坛虽属镇江，脉联溧阳、宜兴，山高水深，土脉莹润，绝类溧、宜。境内洮、高等湖，白龙、钱资等荡，唐王、大直等溪，古速、甓桥等渎，燕子、方落等港，并渊深弥漫，盖邑当诸郡之下，西南流水源至此舒纵，地势所籋然耳。他如莲、莞等陂塘未易缕数，皆山乡灌溉之所必藉，不因滨巨泽而蓄泄可废也。故金坛水利在镇属中又当别论。"（[明]张国维，《吴中水利全书》卷一《金坛县全境水利图说》）

"溧阳全境惟迤东一面直下宜兴荆溪，地势平衍，其西距溧水，南距建平、广德，北距句容、金坛，则并有连山高原阻遏水势，独西南一角，高淳东境，势稍陂陀，故子胥得加疏凿。于是芜湖之水并挟宜、歙、金陵诸水东下溧阳、宜荆，归太湖以入海，此中江自然之形势，足明汉志之有征矣。溧阳既三面俱高，其中央腹地自旧设城郭、村庄、道路、高田之外，余盖江湖满地，绝少平畴。及唐宋以来，五堰既设，江流渐微，明嘉靖增筑下坝，其流遂绝。于是乎溧阳之地稍高者筑成围田［俗呼圩田，盖土音"围"作"圩"也］，尤下者缩成湖浕。而历年久远，山水冲决，田渔侵占，填淤反壤，水不疾行，是以值岁大潦，则湖浕泛滥，而围田之患为土崩，为陆沈。此田居本地之下流，所以忧潦也。然以苏、常等郡较之，则溧阳全境俱高，江流本浅，故自古命之曰濑。今堰隔源绝，其流更浅，惟恃境内川浸及塘遏之属灌输田畴，而塘遏之水既不尽及泉，通川巨浸亦日趋东郡，势若建瓴，值岁大旱，其涸也可立而待。即洮湖之在旱年，虽无东泄之患而泽先自竭，亦不足以资灌输。此地居东郡之上流，所以忧旱也，邑之贤有司与士大夫之留心民事者，未尝不意存补救。"（［清］嘉庆《溧阳县志》卷五《河渠志·水利总说》）

"江南古泽国也，厥田下下，而自唐以来财赋甲于天下者，则以人事善为补救也，是以水利亦冠于他州。议者谓合四府而言，则常、镇常苦旱，苏、松常苦涝。合一郡而言，则梁溪、荆溪常苦涝，兰陵、澄江常苦旱。合两邑而言，则武进常苦旱，阳湖常苦涝。夫川原有脉络，土田有险易，壤地有肥瘠，种获有迟速，皆视乎水之消息焉。武邑滨江，地多高仰，阳湖滨湖，地多卑下。高者利在明其源，源明则旱涝有资，卑者利在悉其委，委悉则农桑攸赖而有时。纳水者兼能泄水，潴水者亦可引水，则水旱之故也。故曰：高地惜水如金，低区惜土如金，而不知高者可使之低，则以闸堰之宜也，沟浍之通也，陂塘之广也。卑者可使之高，则以隄防之固也，河港之深也，器械之具也。能与水争功，而仍寓不争之意则善矣。否则利害相因也，旱涝相禅也。前人之为民计者，岂无谓哉。爰诠次治水之绩关于二邑者，备著于篇。"（［清］道光《武进、阳湖合志·卷三舆地志三·水利》）

楔 子

认识人类史必须了解它的史前史,即它的发端。从万年以上的尺度看,是地理环境的变化决定社会发展的走向,因为人是自然的产物,人类社会的发展首先是一个自然历史过程。

地球年龄大约46亿年,前面40多亿年混沌而洪荒。距今2亿年前后,地球上形成最早的大陆板块,叫作盘古大陆(Pangea),后来它分裂出一块叫作劳亚古陆(Laurasia)的板块。劳亚大陆又分裂为北美洲和欧亚大陆(Eurasia),现常州在欧亚大陆东面的海边上。

距今约1.4亿年前,燕山期(始于侏罗纪末)的鄂霍次克板块和伊邪那岐板块先后与欧亚板块东北部碰撞,造成了欧亚大陆东部大面积的褶皱隆起;其后的喜山(喜玛拉雅)运动(发生在始新世末期,距今约3 650万年)中,亚欧板块、太平洋板块、印度洋板块三大板块的相互作用,产生强烈的差异性升降运动,此种差异运动的强度自东向西由弱变强,致使现今中国地势出现了大规模的高低差异。现今常州境内礼嘉桥至石塘湾形成古谷、古盆,其中沉积了巨厚的侏罗、白垩及第三纪堆积。到晚第三纪(距今2330万年),由于不等量的差异性沉降,古谷、古盆变浅,成为浅谷及洼地,横林至江阴古山及无锡古山,成低山残丘。湖塘桥古山被淹没,其余的古山则形成垄岗地貌。晚第三纪末期,西部抬升,形成小河至九里岗地;玄武岩喷发造成厚余、新闸、西夏墅成为由玄武岩覆盖的零星孤丘;白垩纪以后前黄南至杨墅一带相对抬高或稳定,古地形较为平坦;由于大陆板块的互相挤压,现常州地区整个地势向东倾斜入太平洋,形成西高东低、和缓的丘冈地貌。(《常州市志》第三卷"地理环境",中国社会科学出版社1995年10月版)中华民族的母亲河之一长江在此过程中逐渐形成，逶迤奔腾，浩荡东流，经常州地域入海。

距今4 500万年至4 000万年时，溧阳上黄一带曾是水草丰茂的动物乐园。水母山石灰岩中发掘出12个目共63种哺乳动物化石，其中意义最为重大的发现是高级灵长类动物祖先——中华曙猿的化石。所谓"曙猿"，意思就是"类人猿亚目黎明时的曙光"。

旧石器时代，常州所处的地理环境又经过多次沧海桑田的变化。当时常州所处的长江三角洲基底为扬子准地台的一部分，在第四纪（约始于258万年前）新构造运动（约240万年前至今）中，长江多次南北摆动，冷暖气候多次交替，地壳和海平面频繁升降，沿海地区发生多次海侵和海退。根据新中国成立后第四纪地质研究成果，特别是经过对100多个钻孔的微体古生物、孢粉及古地磁测量等资料的分析，发现在第四纪中，江苏东部沿海平原至少发生过5次海侵。5次海侵的后面3次涉及现常州地区，常州曾多次沦为海的环境。（陈万里、顾洪群，《江苏第四纪海侵及近代海岸变迁研究》，《江苏地质》，1998年第A12期，45-50）

距今40万～20万年前，常州西部的茅山、宜溧山地有原始人类活动，当时的人类为生存而在此长期集中生活，进行采集、狩猎和捕捞等活动。（张敏，《改革开放以来江苏考古的新成果与新理念》，《东南文化》2009年第1期，33-39）

距今3.5万年至2.4万年的晚更新世晚期，第四纪大冰期（相当于中国大理冰期后期及欧洲武木冰期）消退，温度增高使得海平面不断上升，发生了一次影响现常州地区范围最广的海侵，其前锋达西部丘陵地带。这次海侵消退后，现常州所处的长江南岸形成一块黄土覆盖的由沟谷切割的滨海冲积平原。20世纪80年代末，有关部门对太湖湖底地形进行的全面测量表明，太湖的湖底十分平坦，基本上为坚硬的黄土物质；据测定，此黄土层形成于距今2万年至1.1万年之间，且与金坛、常州一带地面所出露的黄土是连成一片的。在此（即太湖底）黄土层上，尚见有一系列被淹没的河道与洼地。这些河道与现在的太湖出口大体吻合，如望亭湾、胥口湾、东太湖等，长江中游洪水在正常情况下可顺畅泄入大海。（景存义，《太湖的形成与演变》，《南京师大学报（自然科学版）》，1988年第3期；洪雪晴，《太湖的形成和演变过程》，《海洋地质与第四纪地质》，1991年第4期；张修桂，《太湖演变的历史过程》，《中国历史地理论丛》，2009年第1期）也就是说，在新石器时代来临之前，与现代常州生活密切相关的水乡环境还没有生成。

根据2003年世界各国科学家联合完成的《人类基因序列图》，数万年前，有棕色人种、黄色人种先后从非洲进入东亚地区。此时，常州地域是否有居民，考古发现及文献记载阙如。

"太湖的前身是在一个海退以后滨海平原基础上，为黄土物质所覆盖的冲积平原，湖水直接浸没和覆盖在黄土之上，经调查，其他湖泊如洮、滆湖，阳澄湖和澄湖等平原上的湖泊均是如此。"（孙顺才、伍贻范，《太湖形成演变与现代沉积作用》，《中国科学》B辑，1987年第12期）

第一章
新石器时代

　　人类也能影响并在一定程度上改造自然。在古代（含史前时期），这种改造自然的活动主要是水利。长江三角洲的地理环境为常州先民提供了特殊的水利活动舞台。

　　距今约7 000年前，黄种智人的一支进入现常州地区，在这里创造了灿烂的新石器文化。常州已发现的新石器时代遗址主要有武进区的圩墩遗址、寺墩遗址、乌墩遗址，钟楼区的新岗遗址，天宁区的潘家塘遗址，新北区的象墩遗址，金坛区的三星村遗址、北渚荡遗址、杨天河遗址，溧阳市的神墩遗址、河心乡遗址等，它们属于前后相继的马家浜文化、崧泽文化和良渚文化。

　　考古发掘表明，常州先民已经有农田排灌、生活饮水、河道交通等水利活动。由于水情复杂，又多水患，人类原始部落都选择高阜山岗居住。当时人们普遍栽培籼稻和粳稻，所有的新石器时代遗址都有稻谷发现；居住区有水井和环绕的河道，崧泽文化的排姆村遗址发现了当时人开掘的水井（图1-3），良渚文化的寺墩遗址发现有人工城河；以水路为主的交通交往达到千里之外，马家浜文化的圩墩遗址发现木桨和橹（图1-1），神墩遗址发现的刻纹白陶来自长江中游的大溪文化（图1-2）。到良渚文化晚期，现常州地域已经成为太湖流域经济社会发展的中心之一，也成为中华文明的发源地之一。

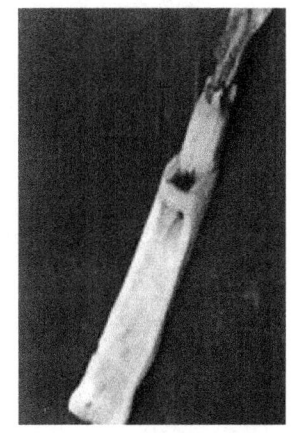

图1-1　新石器时代马家浜文化圩墩遗址出土的橹

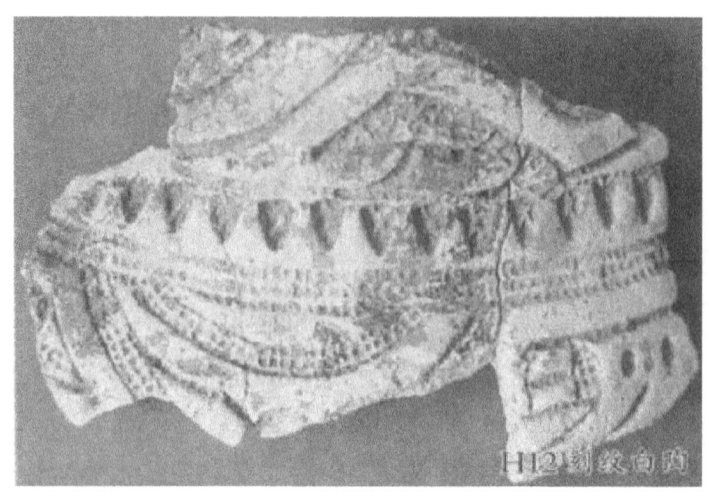

图 1-2　马家浜文化神墩遗址出土的刻纹白陶（其原生地为长江中游的大溪文化）

图 1-3　新石器时代崧泽文化排姆村遗址的水井

第一节　滨海湖沼

距今约 11 700 年前，地球进入全新世。全新世气候普遍（在波动中）转暖，中、高纬度的冰川大量消融，海平面迅速上升，喜暖动植物逐渐向较高纬度和较高山迁移，全球自然地理环境完全演进到现代面貌。因为海平面上升，今江苏东部发生大规模海侵，据东台、盐城钻孔，金坛指前剖面，无锡马圩孔，以及皇塘、五叶镇钻孔海侵层之上泥炭层等测年资料，此次（至今最后一次）海侵的年代为距今8 700～6 000年，属全新世中期。（陈万里、顾洪群，《江苏第四纪海侵及近代海岸变迁研究》，《江苏地质》，1998年第A12期）

此时，海侵最盛，现常州地区在这次海侵中被淹，武进圩墩遗址马家浜文化层（距今6 000多年）之下发现有海侵的地质层。当时的长江口在现在镇江、扬州一带。

大约在距今6 000年前后，气候又转冷，海侵逐渐消退，海面波动微弱，海岸线在稳定一段时间之后，又逐渐东移。与此同时，长江输出的泥沙在其三角洲南翼沿岸流、潮流和波浪的共同作用下不断沉积，多次发育新的古贝壳沙堤和长江河口两侧沙坝，形成地势相对高爽的冈身地带，构成新石器时代逐次东移的古海岸线。（张修桂，《上海地区成陆过程概述》，《复旦学报（社会科学版）》，1997年第1期）此时，常州位于中纬度，离海较近，属北亚热带季风气候区，气候温和湿润，雨量丰沛，冈身以西地区因为地势较低，又因为摆脱了海侵影响，普遍发育成滨海湖沼湿地，其中分布着许多高墩、低丘。由于地质和气候的变化，洪水经常肆虐，河流时而变道，湖泊时而变形，陆地与湖泊交替混合分布。（陈万里、顾洪群，《江苏第四纪海侵及近代海岸变迁研究》，《江苏地质》，1998年第A12期）

第二节　震泽、三江

距今4 000多年前的尧舜禹时期，中国（同时也是世界范围内）发生大洪水。长江三角洲因为其独特的浅碟地形而排水不畅，在很长一段时期内保持湖沼湿地的状态，古称震泽（又称雷泽）。长江下游分流经震泽入海，古称三江。震泽、三江自然条件比较恶劣。居民被迫向外迁徙，当地良渚文化（有虞氏）消失，新石器时代在这场洪水中结束。

"汤汤洪水方割，荡荡怀山襄陵，浩浩滔天。"（《尚书·尧典》）

"（扬州）厥土惟涂泥。厥田惟下下。"（《尚书·禹贡》）

一、震泽

震泽又名具区，具区是吴越土语。震泽中有一些小山脉，也有星罗棋布的湖泊群。山湖之间由于地势低洼，经常洪水泛滥，湿地时而淹没，时而露出，变化十分频繁，震泽因此得名（图1-4）。震泽即现在的太湖流域——江南水乡文明的摇篮。

图1-4　震泽意象图

据20世纪80年代的勘察统计：武进县的冲积平原278平方千米，占全县面积的26.7%，海拔3.5～9米；冲湖积平原793平方千米，占49.8%，海拔2～7米；堆积平原346.7平方千米，占21.8%，海拔5.5～8米。金坛县的冲湖积平原有387平方千米，占全县面积的39.7%，大部分在海拔6米以下；高亢平原365平方千米，占37.4%，海拔6～9米。溧阳县的平原圩区725.46平方千米，占全县面积的47.2%，海拔2～3米。所有这些低海拔地区在当时应该都属震泽的范围。

"浮玉之山，北望具区。"（［先秦］《山海经·南山经》）

"吴越之间有具区。"（［秦汉］《尔雅·释地》）

"吴……具区泽在西。扬州薮，古文以为震泽。"（《汉书·地理志·会稽郡》）

"南江东注于具区……《尚书》谓之震泽。《尔雅》以为具区。方圆五百里。"（［北魏］郦道元，《水经注·沔水》）

"嵩高、外方，一山而名二。具区、震泽，一湖而号殊。"（［宋］孙奕，《履斋示儿编·杂记·地名异》）

震泽水源有二，一发自长江，一发自山溪。长江水主要来自溧阳的胥溪（古中江，其经现高淳东坝与芜湖之长江相接）以及沿江各河道。山溪水来自宜溧山脉和宁镇山脉。

震泽的西北部有宁镇山脉、茅山山脉，西南部有属天目山余脉的宜溧山脉。其北部有一条不起眼的小山脉，它们是横山、石堰山、舜过山至江阴的花山、绮山、小香山、长山等一座座小山，从西南向东北延伸；东部有（现太湖边的）马山、龙山、城湾山、历山、安阳山、穿窿山、夫椒山、胥母山等。这些小山在大洪水初期是震泽之中的岛屿。

此时，长江三角洲东南部的地理状况大体上可以分为两个单元——西部的低山丘陵岗地和东部的三角洲冲积平原。今常州（现武进、金坛、溧阳）地域介于丘陵与冲积平原之间，人类活动重心逐步从西部丘陵移向湖沼平原的低丘土墩。历代劳动人民所有的水利活动都是通过或堵（蓄积）或疏（引导）的手段调节长江上游及丘陵山区的来水，维持常年水量供给的平衡，防治水旱灾害，维持水路航运。

二、三江

古长江经过千山万壑，到现江西九江地段转向东北，到现芜湖、宣城一带形成古丹阳湖（应是与震泽同样的巨大沼泽湿地），其主流一分为三，向北、东方向经过震泽漫流入海，《尚书·禹贡》称之为"三江"（北江、中江、南江）。三江即是长江从芜湖起穿越震泽注入大海的三条较大河流，它是古长江的下游。

自从《尚书·禹贡》提出三江后，关于三江，古籍有各种说法以及可能的河道，许多史料在提到三江时都没有明确指出它们是哪几条河流。分析历代史料，最早的三江概念应是指北江、中江、南江三条河流。其中，北江在震泽北部入海，即现在的长江；中江源于古丹阳湖，通过茅山山脉与宜溧山脉的垭口穿越震泽入海；南江亦源于古丹阳湖并穿越震泽入海，不过古籍对它的记载模糊，后人难以寻觅其路径。随着震泽中五湖（太湖，见下文）的形成，中江和南江转变为先注入太湖，再由太湖流入大海。因此，后来的学者抛弃最初的三江概念，把太湖下游的几条入海河道称为三江（例如三国韦昭曾注三江在太湖之东）。

1. 汉代关于三江的记载

"东迤北会于汇，东为中江，入于海。"（《尚书·禹贡》）

"夫吴自阖庐、春申、王濞三人招致天下之喜游子弟，东有海盐之饶，章山之铜，三江、五湖之利，亦江东一都会也。"（《史记·货殖列传》）

"芜湖，〔中江出西南，东至阳羡入海，扬州川。〕"（《汉书·卷二十八上·地理志第八上·道弱水》）

"吴，〔故国，周太伯所邑。具区泽在西，扬州薮，古文以为震泽。南江在南，东入海，扬州川。莽曰泰德。〕"（《汉书·卷二十八上·地理志第八上·会稽郡》）

"三江分于彭蠡，为三孔，东入海。"（［东汉］郑玄注，《尚书·禹贡》）

"中江在丹阳芜湖县南，东至会稽阳羡县，入于海。震泽在吴县南五十里。北江在毗陵北界，东入于海。"（［东汉］桑钦，《水经·山泽》）

"（沔水）又东，至石城县，分为二，其一东北流，其一又过毗陵县北，为北江。又东，至会稽余姚县。东，入于海。"（［东汉］桑钦，《水经·沔水》）

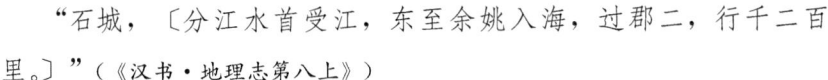

"石城，〔分江水首受江，东至余姚入海，过郡二，行千二百里。〕"（《汉书·地理志第八上》）

"三江事多往，九派理空存。"（［南朝］谢灵运，《入彭蠡湖口》）

2. 唐以后关于三江的记载

"《地理志》有南江、中江、北江，是为三江。其南江从会稽吴县南，东入海。中江从丹阳芜湖东北，至会稽阳羡县，东入海。北江从会稽毗陵县北，东入海。"（［唐］司马贞，《史记索隐·夏本纪》）

"昔禹之时，震泽为患，东有堰阜，以隔截其流，禹乃凿断堰阜，流为三江，东入于海，而震泽始定。"（［北宋］郏亶，《治田利害七论》，见［南宋］范成大，《吴郡志·卷十九·水利上》）

"《史记·地理志》三江：北江从会稽毗陵县北，东入海，中江从丹阳芜湖东北，至会稽阳羡县，东入海，南江从会稽吴县南东入海。"（［南宋］周应合，《景定建康志·卷之十八·山川志二》）（此时，南江入湖河道已无）

3. 明清时对三江的记载

"中江，在县西北三十五里，即《禹贡》三江之一也。今名永阳江，下流入宜兴县界。"（［明］闻人诠修，陈沂纂，《南畿志·卷之四郡县志一·区域·溧阳》）

"先谦曰：《沔水注》，南江自丹杨故鄣来，东注于具区，谓之五湖口。……五湖乃太湖之兼摄通称也。东则松江出焉。……虞氏曰，松江北去吴国南五十里。……松江自太湖分流，经吴江、昆山、太仓、嘉定境入海。娄江自长洲娄门外承太湖东流，迳昆山、太仓界入海。……汉世中江入海之道，无能臆定。以方隅言，刘河口近之，

17

娄者刘也。"（［清］王先谦，《汉书补注·沔水注》）

4. 地质考古实证

在今太湖流域已探测到古江河沟谷。太湖湖底的古江河沟谷多切割了湖底的黄土层，且多是自西向东延伸的。东太湖北部湖底河道西自小梅口方向经西太湖而来，向东接吴淞江上口；东太湖南部湖底河道与现代的太浦河相通。太湖向南还有经湖州东到杭州东入杭州湾的埋藏古河道。滆湖湖中有一条南北向宽800米的水下河道。阳澄湖底有3条东北—西南向延伸的古河道。

20世纪末的地质研究表明，溧阳的胥溪河应该就是古代的中江。

地层表明曾有天然河。

专家们在高淳县水利局1975年钻探胥溪河两岸的钻孔材料中有了最新的发现：3处钻孔中均存在两层砂夹泥砾土层或砂土层，据分析，砂土层和上部砂夹泥砾土层有可能是春秋吴国时期人工开凿运河之后的河流堆积物。但深度在海拔-3.7米至-6米的下部砂夹泥砾土层不是一条河流在短期内可以堆积而成的。

朱诚综合其他调查研究判定，吴国开凿胥溪运河之前，该处存在过规模较大的天然河流，后来河道经历了淤塞，河流沉积物经历了很长的成土过程形成壤土层。调查发现，胥溪河流域在大地构造上属于"南京凹陷"南缘，从地貌调查看，这一地区地质构造及地貌特征与《禹贡》"三江"的"古中江"位置可以对应。

网纹红土验证古中江。

同时，濮阳康京先生发现，东坝以西地区胥溪河南岸以及东坝以东胥溪河北岸1公里范围内均发现地表数米以下便是厚度达数十米的淤泥层，这更是古中江在胥溪河一带存在的重要证据。

此外，网纹红土是长江以南的标志性土壤，然而，多年来南京江南市区及市郊一直未发现网纹红土的存在。但近年却在芜湖以东沿固城湖、胥溪河一带向东连续分布。根据分析，此种地带性网纹

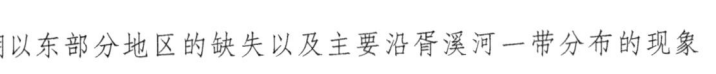

红土在芜湖以东部分地区的缺失以及主要沿胥溪河一带分布的现象可能与古中江原始分布位置有关。

考古发现也佐证了专家的观点，胥溪河流域还存在春秋以前的多处新石器时代遗址及出土器物，这也表明在春秋吴国开挖胥溪运河之前，这一带就已有新石器时代人类在古中江两岸生活居住。(《南京专家破解古中江之谜，胥溪河在其基础上形成》https://news.sina.com.cn/c/2006-06-21/17129262857s.shtml. 2006年6月21日 17：12 龙虎网)

第三节　虞舜过化

距今4 000多年前，太湖流域的良渚文化消失，此时相当于山东龙山文化后期，也相当于中国古代史籍记载的尧舜禹时期。据有关考古成果，一些史学专家认为，良渚末期文化是虞舜文化，其居民或是古籍记载的有虞氏。

古常州地区即今江南中部的武进、江阴、无锡、宜兴等地区有着大量与虞舜相关的遗迹及传说。武进与江阴交界处的舜过山又名舜峰，山下有舜河，山上有舜庙。无锡惠山旁亦有一峰名舜过山，讹为舜哥山、舜柯山，又分其两峰而称舜山、柯山。其主峰惠山又名历山（亦称鬲山、鬲丘），上有舜井、舜庙、舜田、历村。震泽太湖是大舜教化渔民的"雷泽"。专家考证，舜很可能到过舜过山。舜出生在现浙江余姚，后率部族北上，经过舜过山，并在此建功立业，留下诸多遗迹。当地的"舜过山"只有两座（一即武进舜过山，一在无锡惠山旁），"过"即过化，是在此地主政教化之意，大舜在此"一年成聚，二年成邑，三年成都"。(王继宗，《常州让德文化史》，中华书局，2015年第1版)

因为传说中虞舜涉足常州，所以常州有文字记载的水利活动应该始于虞舜时期。

"三山，在县东北纲头村。中峰峭拔，亦名高山。杨诚斋诗云：'三山幸有一峰尖。'旧传上有舜田、舜井，石有牛迹。"(《[南宋]史能

之,咸淳毗陵志·卷第十五·山水》)

"雷泽中有雷神,龙身而人头,鼓其腹,在吴西。"(《山海经·海内东经》)

"昔舜静(耕)于鬲丘。"(《楚竹书·容成氏》简13)

"舜耕于鬲山。"(《郭店简·穷达以时》简2)

"舜耕历山,历山之人皆让畔;渔雷泽,雷泽上人皆让居;陶河滨,河滨器皆不苦窳,一年而所居成聚,二年成邑,三年成都。"(《史记·五帝本纪》)

"周处《风土记》曰,舜渔泽之所也。"([唐]陆广微,《吴地记·太湖》)

"舜渔于大小雷,此乡之人,舜时化之。昔捕鱼之人来居此,浦名之。""周处《风土记》云:'太湖中大雷、小雷二山,相距六十里,其间即雷泽,舜所渔处也。'《尚书释言》云在震泽。"(《太平寰宇记·卷九十四·湖州·长兴县》)

第四节　大　禹　治　水

巨大洪涝灾害引发大规模的治水活动。《尚书·禹贡》中关于"三江既入,震泽底定"的记载是这里可考的最早的治水活动。大禹的基本方法是:在彭蠡泽汇集深水,让其下游的高地露出水面不致于淹没;开凿几条河流,把洪水引入大海而使震泽不再泛滥。据此,大禹是传说中古代常州最早(4 000年前)的治水人物。大禹治理震泽的传说应该是反映了远古居民改造这块低洼之地的最早尝试和理想状况。但是,当时的洪涝实在太严重,长江下游的黄土地还是被淹没为巨大沼泽地——震泽(春秋以后才在人们的水利活动中逐渐消失)。

"彭蠡既猪(潴),阳鸟攸居。三江既入,震泽底定。"(《尚书·禹贡》)

第二章

夏商周时期

大禹治水后，黄河中下游居民进入夏王朝时期，原始氏族制度被奴隶主统治的阶级社会取代。长江三角洲的良渚文化基本消失，取而代之的是具有其他特征的新文化类型。根据考古和史籍记载，夏代和商代，常州生活着属于广富林文化、马桥文化的古越（亦称百越）人和属于点将台文化、湖熟文化的荆蛮人。西周、春秋时期，现常州地域存在着三个方国——越国、淹国和吴国，居民有越人、吴人。东部湖沼低地的越人继承马桥文化形成越文化，西部丘陵山区的吴人继承湖熟文化形成吴文化。战国时期，这里又增加了西面入侵的楚人。因为长江三角洲的洪水消退很慢，所有这些居民在当地继续与水害抗争，同时循地势和自然河道开凿一些运河，也对境内的湖泊湿地进行初步的围垦和治理。西周时期，当地有淹君修筑三河环绕的城池。春秋时期，吴、越两国疏通胥溪河（中江），开浚吴古故水道和西蠡河、东蠡河（关于西蠡河、东蠡河，目前仍然缺少有说服力的史实证明其开凿于春秋时。见下文）。战国时期，楚国春申君黄歇在无锡湖开河围田。

"于吴，则通渠三江、五湖。"（[西汉]司马迁，《史记·河渠书》）

第一节 五 湖 生 成

大洪水后，长江口是一个喇叭形状，现在的扬州、镇江为喇叭口的咽部。长江挟带的泥沙逐步在入海口加速淤积，在震泽碟缘高地竹冈东部新形成的横泾冈，进一步封堵太湖水体的外排。由于水位和地势的关系，洪水期的长江自今芜湖漫流经中江（后称胥溪河）东行，加上当时气候温暖湿润、雨水较多，震泽中心低洼处成为天然的积水湖盆（张修桂，《太湖演变的历史过程》，《中国历史地理论丛》，2009年1期）。湖盆以东由于一系列南北走向的丘陵的阻挡，发育形成边缘犬牙交错又互相连通的较大湖泊群（为湖东圩田的开发创造了条件），春秋时期称为五湖，五湖之北有射贵湖（即舜过湖，后称无锡湖、芙蓉湖）。现常州地域处于五湖以西。

"（越王）果兴师而伐吴，战于五湖。"（《国语·越语下》）

"大江之南，五湖之间，其人轻心。"（《史记·卷六十·三王世家》）

一、五湖与震泽

关于震泽（具区）与五湖的关系，古人认为五湖是震泽之中较深的常年积水处。

"东南曰扬州，其山镇曰会稽，其泽薮曰具区，其川三江，其浸五湖。"郑玄注："具区、五湖在吴南。浸，可以为陂灌溉者。"（《周礼·夏官·职方氏》）

"周官：九州有泽薮、有川、有浸，扬州泽薮为具区，其浸为五湖。既以具区为泽薮，则震泽即具区也，太湖乃五湖之总名耳。凡言薮者，皆人资以为利，故曰薮，以富得名，而浸则但水之所钟也。今平望八尺震泽之间水弥漫而极浅，与太湖相接，而非太湖，自是入于太湖，自太湖入于海。虽浅而弥漫，故积潦暴至，无以泄之，则溢而害田，所以谓之震，犹言三川皆震者。"（[宋]叶梦得，《避暑录话·下》）

二、五湖的具体说法

最早对五湖的说法是，最初有五个彼此相连的较大的湖，名称是菱湖、

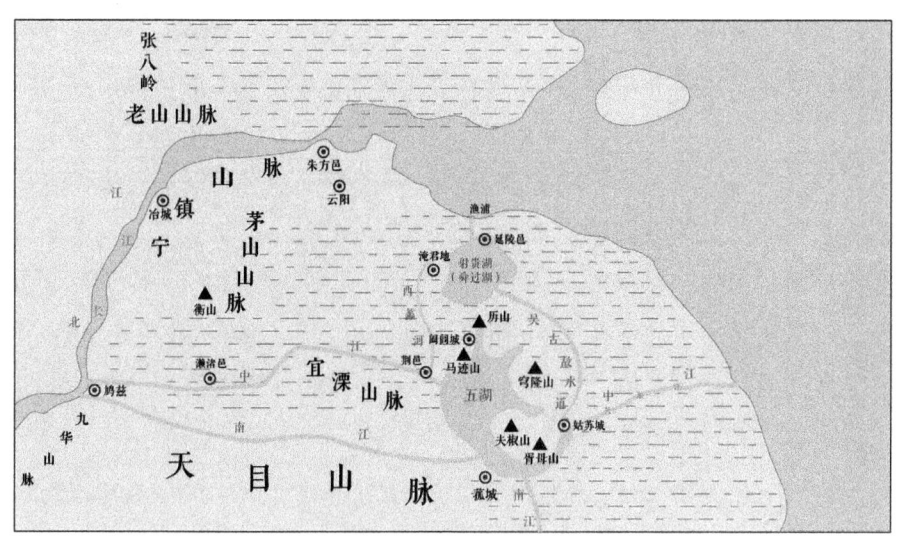

图 2-1 春秋时期水系示意图

游湖、莫湖、贡湖、胥湖，后来水面扩大合成一个湖（太湖）。因为千百年地理的变迁，后人不了解五湖的出处，面临他们当时看到的太湖流域水系，对五湖作出其他各种解释。例如，有人说它们是长塘湖、贵湖、上湖、滆湖与太湖，还有人说是胥湖、蠡湖、洮湖、滆湖与太湖。

"入五湖之中。""胥湖、蠡湖、洮湖、滆湖，就太湖而五。"（［汉］赵晔，《吴越春秋·夫差内传》徐天佑注引韦昭）

"南江东注于具区，谓之五湖口。五湖谓长荡湖、太湖、射湖、贵湖、滆湖也。"（［北魏］郦道元，《水经注·卷二十九·沔水下》）

"五湖者，菱湖、游湖、莫湖、贡湖、胥湖，皆太湖东岸五湾，为五湖，盖古时应别，今并相连"。（［唐］张守节，《史记正义》）

"太湖广三万六千顷，东西凡二百里，南北一百二十里，周五百里，中有山七十二，襟带苏、湖、常三州，东南之水皆汇于此，在《禹贡》曰震泽，《周礼》《尔雅》并曰具区，《左传》曰笠泽，《国语》《史记》曰五湖。五湖之说又互异：张勃《吴录》云：'周行五百里故名五湖'，虞翻云：'东通淞江、南通霅溪、西通荆溪、北通滆湖、东通韭溪'，故谓之五湖，陆龟蒙云：'太湖上禀咸池五车之气。'一水五名。今湖中亦自有五湖：自莫厘山与徐侯山相值者为菱湖，莫厘之西与菱湖通者曰莫湖，东逼胥山者曰胥湖，长山之东曰游湖，长山北连无锡岸渚者曰贡湖。五湖之外别有景湖，夫差山东曰梅梁湖，杜圻之西、鱼查之东曰金鼎湖，林屋之东曰东皋里湖，其浸通谓之太湖。西纳建康、常、润、宣、歙、霅、苕诸水，皆太湖之源；东挟苏、松湖泖塘、浦以抵海，皆太湖之委。"（[明]张国维，《吴中水利全书·卷二·太湖全图说》）

第二节　无锡湖开发

从新石器时代起，常州先民就在震泽对湖沼湿地进行开垦，2 000 多年来，当地农业及经济发展与震泽被围垦为良田是同步进行的。春秋战国时，五湖和长江之间存在着一个巨大的浅湖，为震泽的一部分，称无锡湖（亦称射贵湖，后称芙蓉湖），其面积超过 1 000 平方公里。战国时，楚国相国春申君（？—前 238）受封于吴、越故地（当时称江东），曾在这里兴修水利，开垦农田。《越绝书》记载，春申君在湖边筑了一些堤岸，又开了一条河，称语昭渎（在今鹅湖与漕湖之间），再把水引进名叫"胥卑"的大田中，田以南的水注入太湖，向西流泻。这是史书记载当地最早的圩田工程。相传，春申君还在当地开凿多条河浦以利灌排和交通。

"《传》曰，圩者围也，内以围田，外以围水。以圩名田，低可知矣。"（[清]李兆洛、周仪暐纂，《武进、阳湖合志·卷三舆地志三·水利·明》）

"无锡湖者，春申君治以为陂，凿语昭渎以东到大田，田名胥卑，凿胥卑下以南注太湖，以写（泻）西野，去县（当时的无锡县）三十五里。"（[东汉]袁康、吴平，《越绝书·卷二·外传记·吴地传第三》）

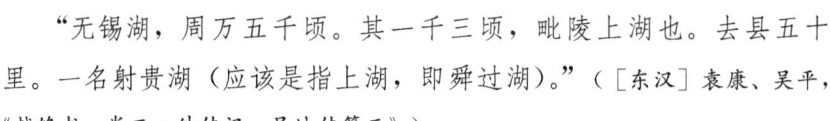

"无锡湖,周万五千顷。其一千三顷,毗陵上湖也。去县五十里。一名射贵湖(应该是指上湖,即舜过湖)。"([东汉]袁康、吴平,《越绝书·卷二·外传记·吴地传第三》)

"芙蓉湖在县(当时的晋陵县)东五十五里,南北八十里,南入无锡县,北入江阴军,东南入平江府,北入扬子江。《越绝》及《吴地记》云:无锡湖万五千三百顷,其千三百顷为晋陵上湖,又云射贵湖。《南徐记》云:横山北曰上湖,南曰芙蓉湖。"([南宋]史能之,《咸淳毗陵志·卷第十五·山水》)

"《吴地记》云:无锡湖,万五千三百顷,为晋陵上湖。""陆羽《惠山记》云:惠山东北九里有上湖,一名射贵湖,一名芙蓉湖。……盖自山下百余里,目极荷花不断,以为江南烟水之盛。"([元]王仁辅,《无锡县志》)

"芙蓉圩,本古芙蓉湖地,一名射贵湖,一名上湖,东通大江,南接龙山,西连云渎,北抵郡郊,中包芳茂、秦望诸山,烟波浩荡,相望百里"。([清]张之果等,《芙蓉湖修堤录·卷一·图说》)

第三节　河道开浚

常州水源丰富,有纵横交错的自然河道。先秦时,出现较多的河道开浚工程,宏观水系更多地被打上人工的印记。

一、淹君城河

距今约4 000年至3 000年间(也就是中原夏朝和商朝统治时期),由于洪水长期不退,长江三角洲文明发展出现断层。中国古代史籍中,关于夏、商、西周时期古常州地区的记载几乎空白。现代考古发现的夏、商、西周文化遗存也相当少,目前已知的有溧阳市神墩遗址中的夏末商时期遗存、新北区象墩遗址中的夏商周时期遗存、金坛区薛埠东进小区早商时期遗存、武进区淹城遗址中的西周文化遗存。此外，还有靠近常州的江阴花山佘城夏商时期遗存以及与丹阳交界的葛城遗址中的西周文化遗存。对这些文化遗存的研究发现，当地居民很少，其水利活动除农田水利外，西周末年的护城河建设也相当出色（图2-2）。

图2-2　春秋时期淹君城河

现常州南部有淹城遗址。20世纪50年代开始，考古队在淹城进行考古发掘。2016年由南京博物院牵头整理出版的淹城考古报告所作的结论是：西周末年至春秋早期，滆湖北边存在过一个越文化的淹国，淹城是淹君的居住地。淹城遗址被考古学家喻为"中国江南第一城"，它从里向外，由子城、子城河，内城、内城河，外城、外城河三城三河相套组成（图2-2）。这种建筑形制在中国的城池遗存中绝少，反映了远古时期人们的智慧和创造。

　　"毗陵县南城，故古淹君地也。东南大冢，淹君子女冢也，去县十八里，吴所葬。"（《越绝书·卷二·外传记·吴地传第三》）

　　"淹城在县（晋陵）东南二十里，与武进接界。……其城三重，周广十五里，壕堑深阔。"（[南宋]史能之，《咸淳毗陵志·卷二十七·古

迹·晋陵》）

"淹城，在（常州）府东南二十里，其城二重，壕堑深宽，周广十五里。"（《读史方舆纪要·卷二十五·南直七》）

二、胥溪

3 000多年前的商代末期，中原周部落的一支由太伯、仲雍兄弟俩率领到达震泽西部，建立句吴国（后称吴国），史书称为"太（泰）伯奔吴"。根据现代考古成果和史书记载，一般认为，太伯奔吴的最初地点应该在古樊篱（即现在的南京市和马鞍山市交界处）。太伯奔吴的历史意义重大，它开启了中原华夏部族对震泽地区的开发。句吴国先与荆蛮人相遇融合，后又东向与百越部族碰撞，春秋末年灭掉了淹国，随即开始与楚国、越国的争霸战争。

出于军事和水利的需要，吴国在其地域内兴建过大规模的运河工程。春秋时期的吴王阖闾时代（约前514—前496），约于周敬王十四年（前506），命伍子胥督役开凿中江西端高岗（今高淳东坝至下坝间），沟通皖南青弋江、水阳江之水，流经溧阳，于宜兴大浦口入太湖。它全长98公里，疏通长江与太湖两大流域。此后，中江亦称胥溪。如今，这条河在溧阳境内西起河心乡王家渡，东至宜、溧交界渡济桥，长45.4公里，其名称几经变更，有濑水、胥水、胥溪、淳溧河等，现名南河。胥溪的疏通，大大增加了宜兴、溧阳区域的受水面积，每到汛期，皖南宣（城）、郎（溪）、广（德）地域来水汹涌，对太湖流域形成压力，溧阳、金坛、常州水患风险增加。

1980年，魏嵩山发表了《胥溪运河形成的历史过程》，载于《复旦学报》（社会科学版）历史地理专辑1980年增刊。文章从历史地理角度加以考证，认为伍子胥根本没有开凿过胥溪，胥溪原是一条自然河流，它不是《禹贡》记载的中江，但在很早即被用于航行，经过历代大规模整治，至五代以后，终于被改造成为运河。

1987年，当地水利部门为兴建下坝水闸而疏浚河道，在清除约6米厚的淤泥后，发现了裸露的河床。河床最窄处不足50米，其河岸堆积层为地层各类砂砾岩、山地基岩等，非自然河流沉积物，被开凿痕迹明显，但是不能证明是春秋时期开凿的。

"公辅（北宋常州钱公辅）以为伍堰者，自春秋时吴王阖闾用伍子胥之谋伐楚，始创此河以为漕运，春冬载二百石舟，而东则通太湖，西则入长江。"（[北宋]单锷，《吴中水利书》）

"昔吴王阖闾伐楚，因开此渎运粮，东通太湖，西入长江。"（[南宋]周应合，《景定建康志·卷十六·疆域志二·堰埭》）

"溧水一名濑水，在溧阳州西北四十里。前汉地理志云：溧水出南湖。祥符图经：濑水西承丹阳湖，东入长塘湖，盖丹阳湖即南湖也。景定志云：固城，春秋时吴濑渚邑，见胜公庙记，汉溧阳县治在焉。隋开皇十一年，割溧阳之西置溧水县，固城在溧水县界。宋绍兴中得后汉溧阳校官碑于固城湖之傍，故知其为汉县治，丹阳湖在其南，一曰南湖，溧水出南湖而东，县在水之北，水北曰阳，故名溧阳。自东埧既成，于是丹阳湖水不复通本州界，然古溧水之出于丹阳湖明矣。今州西北有水源出曹山，迳溧水州界东流，入本州界，合于永阳江。六朝事迹编及乾道建康志皆指曹山之水为溧源，非也。元和郡县志谓溧水在溧阳县南六里，盖唐溧阳县治即今之旧县也。溧水东流为永阳江，江上有渚曰濑渚，即伍子胥乞食投金处，故又曰投金濑。自濑渚东流为濑溪，乡民讹为烂溪，入长塘湖一派东流为吴王漕。吴王漕，杨行密时漕运所行也，或以为春秋时之吴王。真诰云：夫至贞者万乘不能激其名，投金溧女是也。陶隐居注云：金溧女是子胥所逢浣纱于溧水之阳者，后既投金以报之，故谓之金溧，详见李白所作濑女碑。"（[元]张铉，《至大金陵新志·卷五下·山川志二·诸水》）

"此一源最巨，为苏、常患。"（[明]王鏊，《震泽编》）

三、吴古故水道

春秋吴国统治时期,五湖(后称太湖)东北面有一条从东南方姑苏城向西北进入长江的水道,东汉时被称为吴古故水道。该水道从汉代的吴郡(今苏州)平门(北门)起,经过郭池、渎、巢湖、历地(均在现苏州境内),过无锡的梅亭,进入武进的阳湖,从渔浦(今利港)北入长江。这条水道是后来京杭大运河江南运河北段的前身。吴古故水道阳湖至渔浦一段其实就在古芙蓉湖里,其路线大致应是从现在无锡的五牧河再经一段三山港(北咸墅港、老舜河),绕石堰山东北进北塘河,再向西北经现在江阴县的利港入长江。这条水道应是由吴国民众疏通连接当地众多河港湖荡而成。

有学者认为,这条吴古故水道是利用了3 000多年前吴太伯时代的遗产"泰伯渎",阖闾伐楚时曾用这条河运漕。吴王夫差于周灵王二十五年(前547)为北伐齐国,凿江南运河,又将其进一步拓宽、沟通、疏浚,一方面做训练吴军水师之用,另一方面将其作为北望中原的水上通道。所以,这条运河的走向又改为从阳湖向北转为继续向西,到延陵西北的孟渎入江,其经过的古延陵的部分就是今天舣舟亭旁东水关往西,流经通吴门、元丰桥、新坊桥、驿桥、西水关桥,流向怀德桥的那条河道(曾经叫前河、漕渠、城南濠,这是常州市区最早且尚存的古运河;明朝设常州府后,又称常州府运河)。这一说法没有确切的历史记载,属于推测。如果夫差时已经开通阳湖至孟渎的运河,东汉成书的《越绝书》应该说吴古故水道经阳湖过毗陵、从奔牛向北入大江,但是《越绝书》没有这么说。据南宋《咸淳毗陵志》,常州城的运河历史上曾经与丹徒水道相通,六朝时通往建业,隋以后通过京口入江,也没有提到春秋时期运河从奔牛入江的情况。又据《咸淳毗陵志》,孟渎相传始挖于东汉年间,春秋时不通航,与吴古故水道不相关。

当前,有人引用《江南通志》的一段话(见本目末引文)证明吴王夫差开凿江南运河包括了老孟河。这是引用者没有认真阅读该引文,对它做了错误的理解。其实,该引文的运河概念还是清楚的,其中的"抵奔牛镇,达于孟河"是指自苏州望亭到达常州奔牛镇的孟河南端。下文"行百七十余里"正是望亭到奔牛的距离(如果把奔牛到孟河入江口的距离算上,还要再加上约55里,从望亭到孟河入江口总里程约230里)。按此文,正确的理解是:"吴王夫差所凿"的运河,不应包括孟河。

吴古故水道可能是夫差开凿,吴王夫差可能开凿了今常州城至奔牛一段的河道,不过并没有较早、明确的历史记载。但是,因为该"百七十余里"包含了吴古故水道的一段(即从平门到阳湖),就说这"百七十余里"都是夫差所凿,这种表述并不严谨。史志记述中这类情况常有发生,需读者注意。

"吴古故水道,出平门(苏州北门)、上郭池、入渎、出巢湖(漕湖)、上历地、过梅亭(在今无锡)、入杨湖(古阳湖)、出渔浦(今利港)、入大江、奏广陵"。(《越绝书·卷二·外传记·吴地传第三》)

"运河在府南。自望亭入无锡县界,流经郡治,西北抵奔牛镇,达于孟河,行百七十余里。吴夫差所凿。隋大业中,自京口穿河至余杭,拟通龙舟,此其故道也,自唐武德后累浚,为江南之水驿云。"([清]《江南通志·卷十三舆地志·山川三常镇淮三府》)

四、西蠡河

越国灭亡吴国(前473)占领太湖流域后,在五湖以西有西蠡河水利工程。相传,西蠡河由范蠡(前536—前448)开凿,其河道自常州城南大运河石龙嘴起,经南运桥、马公桥、陈渡桥、牛塘桥,至丫河、塘口入滆湖。与西蠡河同时开通的还有宜兴的东蠡河,它们疏理了常州南面的水系,沟通太湖、滆湖和长江的交通,也有利于常州水网地区水源的南北互补和分流。西蠡河现名南运河,大致流向为南运桥—勤业桥—马公桥—陈渡桥—宣塘桥,入滆湖。与东、西蠡河同期开挖的还有蠡渎。蠡渎即现无锡西边与常州相邻的蠡湖。

"宜兴所利,非止百渎。东则有蠡河,横亘荆溪,东北透湛渎,东南接罨画溪。昔范蠡凿。宜兴之西蠡运河,皆以昔贤名呼其蠡河。"([北宋]单锷,《吴中水利书》)

"西蠡河自南水门,一入漍湖沙子,至宜兴县;一入太湖,西至长兴县,东至吴江县。""单谔《水利书》谓:范蠡所凿。今宜兴有东蠡河,横亘荆溪,北透湛渎,此为西蠡明矣。"([南宋]史能之,《咸淳毗陵志·卷第十五·山水》)

"西蠡河在城南。一名浦阳溪。北枕运河,南接漍湖,相传范蠡所凿。宜兴县有东蠡河,故此曰西也,岁久淤塞。正德间疏浚,亦曰西运河。"([清]顾祖禹,《读史方舆纪要》)

"其武进支津曰宜荆漕河,一曰西蠡河,西南流,会漍湖水,并湖行入宜兴。"([民国]赵尔巽,《清史稿》)

"蠡渎,西北去(无锡)县五十里,范蠡伐吴开造。"([北宋]乐史《太平寰宇记·江南东道四·常州》)

"东蠡河,在(宜兴)县东十五里,东南入太湖。咸平中邑人邵云甫重浚"。([南宋]史能之,《咸淳毗陵志·卷第十五·山水》)

第三章

秦汉三国时期

　　公元前221年，秦始皇统一六国，中国进入封建大一统的帝制时代。当地居民主要是越人（原土著，其大部分被楚人驱赶进入浙、闽山区）、吴人和楚人，另有少量秦人作为朝廷的官吏或军士住在这里。秦末项羽在吴中起兵，其祖父是楚国的贵族。秦汉时期，现常州地域有溧阳、毗陵等县，与中原相比，仍属蛮荒之地，大片湖沼湿地尚未开发。《史记》记载，此地气候"卑湿"，"丈夫早夭"，与周边相比，人烟稀少。东汉末年战乱，当地人口损失，到三国孙吴时，溧阳和毗陵均丧失县级行政建置。为发展经济，孙吴在毗陵设立典农校尉，在溧阳设立屯田都尉，掳掠山越（躲进山区的越人）人口进行屯田开发。毗陵经济有所发展，逐步成为太湖流域西北部的政治中心。

　　此时史书明确记载的大规模的农田及河道水利工程有丹徒水道和孟渎的开通，破冈渎、上容渎的开凿。当地农民开浚河道、围垦圩田，"稍高者筑成围田，尤下者缩成湖漕"，农田面积增加，震泽内湖泊逐步定型并扩大。

　　"江南卑湿，丈夫早夭。"（《史记·货殖列传》）

　　"于吴，则通渠三江、五湖。"（《汉书·卷二十九·沟洫志》）

　　"孙吴废溧阳为屯田，析置永平，有永平长，见吴志凌统传。"（嘉庆《溧阳县志·卷九·职官志·文职》）

第一节　震泽演化

史籍没有关于秦汉时圩田的直接记载。但是从战国时春申君就治理过无锡湖的情况看，当时震泽中应有居民自发的修筑圩田活动，这些活动逐渐改变了震泽的面貌，使得滆湖、洮湖形成，五湖演变为太湖。三国时期孙吴在溧阳、延陵屯田，其活动主要是围垦湖区。后世当地著名的芙蓉圩、黄天荡圩、建昌圩、皇圩、浪圩等应该是2 000多年来持续围垦的结果。那些围垦湖荡的居民在后世被称为"圩乡人"，生活在高亢平原和丘陵的居民被称为"高乡人"。

一、太湖

秦初，太湖仅局限在震泽碟形洼地的中心部位，现常州雪堰太湖岸外20～30里湖区为坚硬陆地。汉代以后，五湖在长江冲积以及先民围垦的水利活动中扩展形成太湖。1955年大旱，在当时吴江县西南已干涸的太湖湖底见有印纹陶片、陶罐，还有古井及古建筑，古井中有黑陶片等。1974年，在同属太湖流域的澄湖湖底发现800多口宋井，井中掏出新石器时代至宋代文物1 200多件，同时还有大石块砌成的上马石等古建筑遗址。1986年，在当时吴县通安乡西太湖底，发现了春秋战国时古井四口，井中清理出战国时期黑陶罐、石斧等文物，还有汉代的井栏圈。宋熙宁七年至八年（1074—1075）连续两年干旱，据《乾隆吴江县志》和《同治苏州府志》等记载："大旱，太湖水涸；湖心见古墓、街衢井灶无算，蝗蝻生。"现代地理学家孙顺才等人根据湖区淤积速率以及根据古文化遗址被淹没或掩埋的情况推算，西太湖的历史不过2 000年左右，东太湖不过1 000～1 500年而已。（孙顺才、伍贻范，《太湖形成演变与现代沉积作用》，《中国科学》，1987年第12期）王建革和张修桂都认为，太湖完全成湖应在西汉时期，西汉以后还有很大的变化。2 000多年来，太湖在不断扩大。《尔雅》有太湖周长五百里（约合现400多里）的记载。《越绝书》记"太湖三万六千顷"（当时的顷为现今的0.691 5亩，约合现今的1 700平方千米）。汉以后的记载是800里（约合现700里）。现在湖泊面积2 427.8平方千米，水域面积为 2 338.1 平方千米，湖岸线全长 393.2 千米。

"注五湖以漫溁，灌三江而漰沛。""五湖者，太湖之别名也。"（［梁］萧统，《文选·江赋》李善注引［晋］张勃《吴录》）

"湖名耳，实一湖，今太湖是也。"（［南朝宋］裴骃，《史记集解》引韦昭注）

"今吴县南太湖，即震泽是也。"（［晋］郭璞、［北宋］邢昺，《尔雅注疏》）

"太湖，周三万六千顷；其千顷，乌程也，去县五十里。无锡湖，周万五千顷；其一千三顷，毗陵上湖也，去县五十里，一名射贵湖。尸湖，周二千二百顷，去县百七十里。小湖，周千三百二十顷，去县百里。耆湖，周六万五千顷（可能笔误，按面积大小顺序排列，可能是 650 顷），去县百二十里。乘湖，周五百顷，去县五里。犹湖，周三百二十顷，去县十七里。语昭湖，周二百八十顷，去县五十里。作湖，周百八十顷，聚鱼多物，去县五十五里。昆湖，周七十六顷一亩，去县一百七十五里。一名隐湖。湖王湖，当问之。丹湖，当问之。"（《越绝书·卷二·外传记·吴地传第三》）

"锷于熙宁八年（1075），岁遇大旱。窃观震泽水退数里，清泉乡湖干数里，而其地皆有昔日丘墓街井、枯木之根，在数里之间。信知昔为民田今为太湖也。太湖即震泽也。以是推之，太湖宽广逾于昔时。昔云有三万六千顷，自筑吴江岸及诸港渎埋塞，积水不泄，又不知其愈广几多顷也。"（［北宋］单锷，《吴中水利书》）

"康熙二十六年（1687），秋七月，烈风拔木屋，太湖水涸。是月十一日，北风甚烈，北太湖之水皆汇于南湖。新村居民乘涸取鱼，见湖底有桥路，拾得器物古钱甚多，皆宋时钱也，文曰崇宁。"（［清］《康熙常州府志·卷之三·星野祥异》）

二、长塘湖、滆湖

秦初，如今的长荡湖、滆湖等湖泊仍然是震泽之中的沼泽地。大约在东汉中后期，滆湖和洮湖两个大湖出现。《越绝书》（大约东汉初年成书）在记载汉代吴越之地的湖泊时，并没有这两个湖。到三国时，东吴经学家虞翻在记述五湖时提到了这两个湖。

据史料记载，民国23年夏秋，因大旱，长荡湖曾干枯露底，湖底的城廓和街石路依稀可见，说明该湖曾为陆地。1993年6月，在滆湖农场处发现了一座汉代古墓葬，墓葬内出土的一批五铢钱币"五铢"二字规整，"五"字形舒展，"铢"字朱旁上折方中见圆，具有东汉早期五铢钱的典型特征，据此可断定该墓葬主人的下葬确切时代应在东汉早期。滆湖农场原是滆湖的一部分，1971年因围湖造田才变成旱地，在该处发现东汉早期的墓葬，说明滆湖在东汉早期时还未形成。另东汉许慎所著《说文解字》中还未有"滆"字，这说明"滆"字为后起字。许慎《说文解字》成书于公元100年到121年，是时为东汉中期，据此也可证在东汉早期时滆湖还没有形成。

一般认为，这两个湖生成的原因是地壳运动凹陷（例如地震），但是还有一个重要原因应该是当地围湖造田的水利活动。秦汉时，长塘湖与滆湖周边应有较多的圩田，洮湖亦称长塘湖，长塘即人工修筑的围湖长堤。不过，这些圩堤单薄矮小，不能抵抗大灾大害。当时，中江仍然畅通，每年汛期西部来水常常漫灌圩田，因此洮、滆一带应是时湖时田。

"其旁则有云梦雷池、彭蠡青草、具区洮滆、朱浐丹漅。极望数百、沆瀁皛溔。"（[魏晋]郭璞，《江赋》）

"洮湖，一名长塘，在县西北百里。东西二十里，南北三十五里，中与溧阳、金坛分派。《风土记》云：阳羡西北有洮湖，中有大小坏（音浮）山。宋明帝时庾业代刘延熙为义兴太守，东讨孔顗贼党至长塘湖。"（[南宋]史能之，《咸淳毗陵志·卷第十五·山水·湖·宜兴》）

"长塘湖在金坛南三十里，周回一百二里，又名洮湖[《南徐州记·字书》：洮音姚]，即五湖之一［周处《风土记》以太湖、射湖、贵湖、滆湖、洮湖为五湖，此即洮湖也，其水连震泽入松江至海。韦昭、郦道元皆以此为五湖之一]，旧有八十一浦口，后所存惟二十有七，皆淤塞不通。"（［宋］史弥坚修，卢宪纂，《嘉定镇江志·卷六·地理三·湖》）

"《舆地志》云：'长塘湖中有小坏山，水有石室，亦有虎迹，涸则见。'"（［南宋］史能之，《咸淳毗陵志·卷第十五·山水·山·宜兴》）

"滆（音核）湖，在县西南三十五里。东西三十五里，南北百里，中与宜兴分派。郭璞《江赋》云'具区洮滆'是矣。《舆地志》云：太湖、射贵与此亦谓'三湖'。"（［南宋］史能之，《咸淳毗陵志·卷第十五·山水·湖·武进》）

"长塘湖：在州北五十三里，周百五十里，接金坛、宜兴二界，旧名洮湖，中有大巫、小巫山。虞翻曰：'滆湖、洮湖、射湖、贵湖及太湖为五湖，并太湖之小支，俱连太湖，故太湖兼得五湖之名'。"（［元］张铉，《金陵新志·卷一地理图·溧阳州图》）

第二节 江 南 运 河

一、丹徒水道

秦代，没有关于吴古故水道（江南运河前身）的明确的记载。相传，秦始皇三十七年（前210），刚刚统一全国不久的秦王朝，为了加强对曾经称霸中原的吴国旧地的政治、经济和军事控制，在谷阳、云阳之间，遣刑徒3 000人，开凿一条弯曲的河道（因此谷阳改名丹徒，云阳改名曲阿），后称丹徒水道。该工程顺应地形、地势，因地制宜，降低坡缓，调节水位落差，以利通航。该水道向西北可通（大江以北之）邗沟，向东南可通往由拳（嘉兴）至钱塘越地，奠定了隋代江南运河的基本走向。但是，丹徒水道在秦朝始凿时，初无闸坝设施，地势仍然高仰，河水易于走泄，航行相当不便。秦始皇南巡

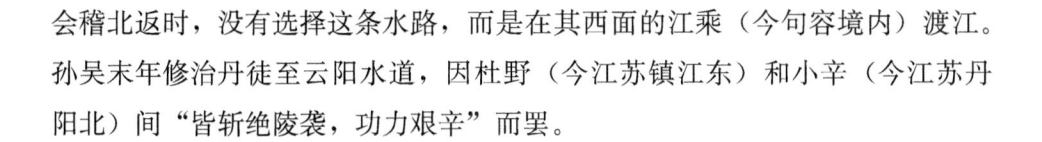

会稽北返时，没有选择这条水路，而是在其西面的江乘（今句容境内）渡江。孙吴末年修治丹徒至云阳水道，因杜野（今江苏镇江东）和小辛（今江苏丹阳北）间"皆斩绝陵袭，功力艰辛"而罢。

"秦王东观，亲见形势，云此有天子气，使赭衣徒凿湖中长冈，使断，因改名丹徒，令水北注江也。"（［南朝］刘桢，《京口记》）

"还过吴，从江乘渡。并海上，北至琅邪。"（《史记·秦始皇本纪第六》）

"秦始皇凿处在故县西北六里，丹徒京岘山东南。"（《南徐州记》）

"寿春东凫陵亢者，古诸侯王所葬也。楚威王与越王无疆并。威王后烈王，子幽王，后怀王也。怀王子顷襄王也，秦始皇灭之。秦始皇造道陵南，可通陵道，到由拳塞，同起马塘，湛以为陂，治陵水道到钱唐、越地，通浙江。秦始皇发会稽适戍卒，治通陵高以南陵道，县相属。"（［东汉］袁康、吴平，《越绝书·卷二·外传记·吴地传》）

"秦以其地有王气，始皇遣赭衣徒三千人凿破长陇，故名丹徒。"（［唐］李吉甫，《元和郡县志·卷二十五·江南道一》）

"《吴录·地理》曰：秦时，望气者云其地有天子气。始皇使赭衣徒三千人凿坑败其势，改云丹徒。《图经》曰：丹阳，本汉曲阿县也。《汉志》曰：曲阿，故云阳。莽曰凤美。属会稽郡。《史记》曰：秦始皇改云阳为曲阿。《舆地志》曰：曲阿县，属朱东，南徐之境。秦有史官奏'东南有王气，在云阳'，故凿北冈，截直道使曲，以厌其气，故曰曲阿。""《吴志》曰：岑昏凿丹徒至云阳，而杜野、小辛间皆斩绝陵袭，功力艰辛。（杜野属丹徒。小辛属曲阿）"（［北宋］李昉等，《太平御览·卷一百七十·州郡部十六·江南道上·润州》）

"丹徒令，本属晋陵，古名朱方，后名谷阳，秦改曰丹徒。"（［南朝］沈约，《宋书·卷三十五·志第二十五·州郡一》）

二、孟渎

东汉时，长江河口向海域推进。丹徒水道（今江苏丹阳至镇江）流经山间，通行十分艰难。据《风土记》（西晋周处撰），西汉末年，王莽篡汉，皇室刘秀逃难借宿在七里井（今孟河）附近村民家中。当时孟河一带虽近长江，却有龙山（今孟河黄山）阻挡，农田排灌不畅，经常受灾。刘秀临走时，当地百姓为他指路并送到长江边。刘秀即皇帝位后，就下令开浚河渎，从长江口挖掘到小黄山脚下西边汤巷里（今城北村的汤巷里），一路到万绥，贯穿浦河、养济河、午塘河及小横河等 10 多条小河，全长 48 里左右。河渎宽五丈，深七尺，北入长江。这个记载很可能只是个传说，说汉光武帝年轻时到过孟渎河口缺乏历史依据（地方志中此类传说很多）。但是，如果说东汉时，七里井一带由于经济发展，河道得到疏通，船只可以经孟河出入长江，是有可能的。（此河称老孟河，由长江老孟河口经现孟城向东到石桥再折向南，贯通奔牛闸，连接大运河；清雍正年间，孟河入江口改道，又有新孟河）

孟河在汉代的名称不详。按照南宋《咸淳毗陵志·卷第十五·山水》，孟河名称的来历有三种说法：一是因孟城山得名，二是因东晋孟嘉隐居地得名，三是因孟简疏浚该河得名。第二种说法较为合理。东晋年间，长史孟嘉（即大诗人陶渊明的外祖父）隐居于龙山一带，孟嘉死后，人们为纪念他，遂将龙山更名为嘉山，将光武帝下令所开之河命名为孟渎。《武进、阳湖县志》记载：汉代七里井的入江口有一个小渔村，后因农业大兴、商业繁荣，逐渐发展出一条小集市，称为河庄口，至今孟河一带的百姓仍习惯称孟河街镇为河庄；六朝时，巴斗山（今丹阳市的界牌镇境内）还是长江喇叭口底部的孤岛，水涨山没，潮落山出，小黄山东面的塔山周围原来是四面环水的洲田。

"孟渎，在县西四十里。《风土记》云：七里井有孟渎。汉光武帝初潜，尝宿井旁，民为指途达江浒，即位命开此渎。广五丈，深七尺，南通运河，北入大江，岁久淤阏。……《祥符经》（即成书于北宋大中祥符年间的《祥符图经》）引巴州刺史羊士谔（约 762—822）记云：此渎以近孟城山得名。或云孟嘉侨寓之地，又云孟简所浚，未

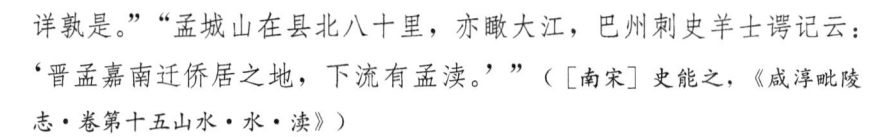

详孰是。""孟城山在县北八十里,亦瞰大江,巴州刺史羊士谔记云:'晋孟嘉南迁侨居之地,下流有孟渎。'"([南宋]史能之,《咸淳毗陵志·卷第十五山水·水·渎》)

"孟渎,邑西北济运古渠也。其入运河处在奔牛镇,东去郡城三十里。今水有二源:一自小河至石桥湾,三里而近,潮急而直,谓之小河口;一自超瓢港至石桥湾,三十里而遥,潮曲而纡,谓之超瓢口。其自石桥湾至奔牛镇凡三十六里,则河之故道也。明初漕艘出河渡江,江口在孟城山下,故曰孟城港。"(《武进、阳湖合志·卷三舆地志三》)

三、破冈渎

孙吴时,太湖地区漕运都是由江南运河北上达于丹徒,然后又逆长江之水而上至于建业。此航程绕行较远,而且曲阿至丹徒河段又浅又窄,航行困难,同时入江口近海,风急浪大。赤乌八年(245),孙权发兵3万,开凿运河自句容东南的小其至云阳西城(在当时的曲阿县城以西),连接两端的原有运道,使秦淮河和江南运河联通。该河凿通的分水岭名破冈(岗),所以称破冈(岗)渎。该河开通,使太湖流域包括毗陵(今常州)地方的船只不必经过长江而直达建业。不过,此河纵坡较陡,水源缺乏,通航仍然相当困难。

"八月,大赦,遣校尉陈勋将屯田及作士三万人凿句容中道,自小其至云阳西城,通会市,作邸阁。"([西晋]陈寿,《三国志·卷四十七·吴书二·吴主传第二》)

"八月,大赦。使校尉陈勋作屯田,发屯兵三万凿句容中道,至云阳西城,以通吴、会船舰,号破岗渎,上下一十四埭,通会市,作邸阁。仍于方山南截淮立埭,号曰方山埭,今在县(现江宁区)东南七十里。〔案:其渎在句容东南二十五里,上七埭入延陵界,下七埭入江宁界。初,东郡船不得行京行江也,晋、宋、齐因之,梁太子嗣,改为破墩渎,遂废之。而开上容渎,在句容县东南五里,顶上分流，一源东南三十里，十六埭，入延陵界；一源西南流二十五里，五埭，注句容界。上容渎西流入江宁秦淮。后至陈高祖即位，又堙上容而更修破岗。至隋平陈，乃诏并废此渎〕。"（[唐]许嵩，《建康实录·卷二·吴中太祖下》）

"丹阳曲阿，亦秦世之云阳岭也。吴地记录曲阿正秦代之云阳岭。太史时言东南有天子气，在云阳间。秦人于是发赭徒（囚徒，因身穿赭衣，故称）三千，凿云阳之北冈曲之，因曰曲阿，则今之丹徒也。昔吴岑昏凿丹徒至云阳杜野、小辛间，而陈勋屯田凿句容中道至云阳西城，则今之破冈渎也。故杜佑以丹阳为古云阳，而学道传谓是者，盖知其异也。"（[南宋]罗泌，《路史·前纪三·云阳氏》）

四、江南运河毗陵段

孟渎开浚后，吴古故水道向西延伸，经过毗陵县西的曲阿县境再向北进入长江，形成汉代的江南运河。

江南运河形成时，其在毗陵县西可能一分为三，流向东南，其北面的一条是今（北）关河，中间的一条是今前河（其北岸自西至东为今西瀛里、青果巷、麻巷），南面的一条是今南关河。此三条河道至毗陵县东又合为一条河道继续流向东南。其中，中间的一条因与西蠡河交汇而具有独特的优势，被人工开浚为运河主航道，其余两条更多地处于自然状态。

前河承担运河功能后，北入大江，南连阳羡，东南通吴郡，交通方便，带来商贸机会，百姓沿河居住，买卖沿河展开。同时，因为前河地势相对高亢，西连高沙、堆积平原，东接水网、圩区平原，有利于建设城市，其政治地位也突显。当时，毗陵县冶所从古芙蓉湖东的毗陵山下迁移到前河南岸（今弋桥南），后世称之为毗陵地。东汉时期，前河两岸一直是毗陵县的经济、政治中心所在。（图3-1）

第三节 孙吴屯田

孙吴时,因汉末人口锐减,建业周围与毗陵一带有相当多的闲置土地。孙权在当地进行大规模屯田开发,长江两岸地区都设有屯田区。吴黄武元年(222)在溧阳辟地屯田,设屯田都尉。毗陵(今江苏常州、镇江、无锡一带)为吴国最大的屯田区。赤乌年间(238—251),孙权分吴郡无锡以西为毗陵典农校尉,屯田规模进一步扩大(有学者认为,会佃始于嘉禾三年而非赤乌中,毗陵典农校尉设立于嘉禾六年末或赤乌元年初)。此时,流民得到安置,荒地得以开垦,人口聚集,劳动力增多,农耕经济发展较快,毗陵成为当地经济中心并发展为行政中心地。溧阳、毗陵的屯田应该主要是筑圩造田,其地点在毗陵以西、溧阳以东的长塘湖、滆湖以及毗陵县东边的芙蓉湖周边。因为不久以后,溧阳县(在长塘湖以南)恢复建置,延陵县(在长塘湖以北、以东)、武进县(在滆湖以北、以东)和暨阳县(芙蓉湖以北、以东)建置新设,说明当地农业有所发展。

"赤乌中,诸郡出部伍,新都都尉陈表、吴郡都尉顾承,各率所领人会佃毗陵,男女各数万口。表病死,权以融代表,后代父瑾领摄。"(《三国志·吴志·诸葛瑾传附子融传》注引《吴书》)

"毗陵郡,吴分会稽无锡已西为屯田,置典农校尉。"(《晋书·地理志下·扬州条》)

"《吴书》所云毗陵会佃,当系以征丹阳山越为背景,会佃始于嘉禾中(嘉禾三年)而非赤乌中。……则《宋书·州郡志》所云'吴时分吴郡无锡以西为毗陵典农校尉'时为嘉禾六年末或赤乌元年初。"[陈玉屏,《论孙吴毗陵屯田的性质》,《西南民族学院学报(哲学社会科学版)》,1989年第2期]

第四章

两晋南朝时期

西晋初年毗陵县成为毗陵郡治所在。西晋末年，中原发生八王之乱，北方人被迫大规模南迁。据史书记载，从东晋永嘉年间至南朝刘宋年间约100多年中，晋陵（毗陵改名）涌进移民2万余人，其中著名者为淮阴令萧整（西汉丞相萧何第十九世孙）家族，其后代建立了南齐、南梁两个王朝。北方士族南迁促进了当地社会资源重新配置，大批劳动力加入圈地造田的行列，给经济发展注入生机和活力。

晋代开始，无锡湖有在官府主导下的大规模围垦（长塘湖和滆湖周边也应有围垦）。刘宋元嘉二十二年（445）和二十四年（447）阳湖、临津（宋建湖）修治，成良畴数百顷，这是史书记载大规模围湖造田最早成功的例子。从南齐至梁大同数十年间（479—546），现金坛地域先后修建单塘、谢塘、吴塘、南北谢塘、莞塘等大塘，以解决高亢平原的水源问题，有些塘灌田面积达千余顷。运河水系经过整理，与西北的建康、京口交通往来。

第一节 塘坝修建

常州先民最初多居住在现常州市西部、南部地势较高处。低山丘陵地区峰峦起伏、岗冲纵横，山涧溪流源短水急，多雨则水流横溢、冲毁田舍，久晴则溪涧干涸、禾苗枯黄。西部平原地区地势相对高亢，河流稀少，水源不足。古代，这里农田水利的基本工作就是筑坝建塘，蓄水灌溉，但是历史文献缺乏晋代以前的相关记载。东晋（元帝）时，晋陵内史张闿（265—328）在曲阿修建新丰塘，可灌溉800多顷田地。

第四章 两晋南朝时期

南朝时，民间兴建了大小不等的众多塘坝，大者面积上千亩，小者不足一亩，一般为民户共有，少数私有。当时大庄园都建有较大的塘坝，并能达到"保熟"的程度。《南齐书》称溧阳、永世等四县"旧遏古塘，非唯一所"。南朝刘宋时，晋陵有奔牛塘，其建成时间可能在晋代以前。萧齐建元二年（480），齐武帝次子萧子良任征虏将军、丹阳尹时，曾上表要求修治塘坝，这是史书对晋陵塘遏事务的最早记载。

现金坛地域有单塘、谢塘、莞塘、吴塘等蓄水工程建成。南齐年间（479—502），单旻主持修建单塘（在今金坛东北 14 千米）。梁天监年间（502—519），彭城令谢法崇修建谢塘（在金坛县东谢村）。梁普通年间（520—527），参军谢德威修建南北谢塘（在金坛县东南 15 千米），隋废，唐武德二年（619）刺史谢元超重修，各灌田千余顷。梁大同五年（539），侍御史谢贺之组织百姓壅水为塘，因以后种莞草，故名莞塘。南梁时还有吴游主持修建吴塘（在金坛县城东 12.5 千米），塘周长 15 千米（唐初金坛县建立后，半属金坛，半属丹阳）。

溧阳县也应有大量塘坝兴建，但未见史籍记载。

"宋元嘉末，竟陵王诞遣参军刘季之与顾彬之败元凶邵将华钦等于曲阿之奔牛塘。"（[南宋]史能之，《咸淳毗陵志·卷第二十七古迹》）

"建元二年，穆妃薨，去官。仍为征虏将军、丹阳尹。开私仓赈属县贫民。明年，上表曰：'京尹虽居都邑，而境壤兼跨，广袤周轮，几将千里。萦原抱隰，其处甚多，旧遏古塘，非唯一所。而民贫业废，地利久芜。近启遣五官殷沵、典签刘僧瑗到诸县循履，得丹阳、溧阳、永世等四县解，并村耆辞列，堪垦之田，合计荒熟有八千五百五十四顷；修治塘遏，可用十一万八千余夫，一春就功，便可成立。'上纳之。会迁官，事寝。"（[南朝梁]萧子显，《南齐书·武十七王·萧子良传》）

"塘遏之名始此。盖人力所开，谓之塘而遏，以止水为义，即埂坝之类是也。溧阳之山乡，通川浅狭，全赖塘遏。水乡虽无藉于塘，而修建隄防，亦遏水之义。"（嘉庆《溧阳县志·卷五·河渠志·塘遏》）

"立曲阿新丰塘，溉田八百余顷，每岁丰稔。"（《晋书·张闿传》）

"新丰湖，在县（丹阳县）东北三十里（此处的东北应该是西北）。晋元帝大兴四年，晋陵内史张闿所立。旧晋陵地广人稀，且少陂渠，田多恶秽，闿创湖成溉灌之利。初以劳役免官，后追纪其功，超为大司农。"（[唐]李吉甫，《元和郡县志·卷二十五·江南道一》）

"晋陵郡特为偏枯。此郡虽弊，犹有富室。承陂之家，处处而是，并皆保熟，所失盖微。陈积之谷，皆有巨万。旱之所弊，实钟贫民。温富之家，各有财宝。"（《宋书·孝义传》）

"此二塘（南北谢塘）梁普通五年庐陵王记室参军谢德威置，隋废。武德二年，本州刺史谢元超重修复。"（《太平寰宇记·卷八十九·润州》）

"东南三十里有南、北谢塘，武德二年，刺史谢元超因故塘复置以溉田。"（[北宋]欧阳修、宋祁，《新唐书·卷四十一·志第三十一·地理五》）

"县有南北二塘。武德中，润州刺史谢元超因故塘复置，溉田千顷。"（[北宋]王溥，《唐会要》，见[清]顾祖禹《读史方舆纪要·卷二十五·南直七》）

"吴塘在县东南，周回四十里，半入金坛境，梁吴游所造故名。""单塘在金坛县东北二十八里，齐单旻造。谢塘在金坛县北二十五里（梁天监九年彭城令谢法崇所造）。南谢塘北谢塘并在金坛县东南三十里（梁普通中，庐陵王记室参军谢德威造，隋废，唐武德中谢元超重修），二塘各灌田千余顷。莞塘在金坛县东南三十里（梁大同五年南台侍御史谢贺之壅水为塘种莞其中因名）。"（[元]脱因修、俞希鲁纂，《至顺镇江志·卷七山水·塘》）

第二节 江 南 运 河

西晋时，毗陵（晋陵）到丹徒的一段运河经过丘陵地带，此地水源不足，通航不便，必须补充新的水源，才能保障通畅。惠帝时，陈敏遏马林溪，引长山八十四溪之水蓄为练湖。东晋元帝在位时（317—323），晋陵内史张闿在丹徒和曲阿之间修建曲阿新丰塘，这是史书记载的大型陂塘工程，其意义不仅在于灌溉良田，还在于保证运河水道的常年通畅。此时武进的奔牛堰（闸）、溧阳的前马塘应已修建。建武元年（317），晋元帝司马睿之子司马裒镇广陵，为运江东粮出京口，建丁卯埭于今镇江东南，使运河通航条件得到改善（唐代运河水涩之时，亦引练湖水以为调剂，宋代练湖尚能发挥调剂效用）。

"（练塘）在县北一百二十步，周回四十里。晋时陈敏为乱，据有江东，务修耕绩，令弟谐遏马林溪以溉云阳［案：即丹阳］，亦谓之练塘，溉田数百顷。"《元和郡县志·卷二十五·江南道一·润州·丹阳县·练湖》）

"练塘，陈敏所立，遏高陵水，以溪为后湖。"（《太平御览·卷六十六》引顾野王《舆地志》）

"大观四年（1110）八月，臣僚言：'有司以练湖赐茅山道观。缘润州田多高仰，及运渠夹冈，水浅易涸，赖湖以济。请别用天荒江涨沙田赐之，仍令提举常平官考求前人规画修筑。'从之。""宣和五年（1123），臣僚言：镇江府练湖与新丰塘地理相接，八百余顷，灌溉四县民田。又湖水一寸，益漕一尺，其来久矣。今堤岸损缺，不能贮水。乞候农隙，次第补葺。"（《宋史·卷九十六·河渠志》）

"古尝于京口、吕城、奔牛为三闸，莫详其始。隋初有诏浚治，则闸在齐梁前已有之。大业之后，闸与河相兴废，而志不书。"（［清］李兆洛、周仪暐纂，《武进、阳湖合志·卷三·舆地志三·水利·宋》）

一、城区运河主航道

此时，城南（汉代毗陵县治边）的运河（宋代的前河）仍然承担主航道功能，因为地方志记载该运河在南朝齐梁时即有桥（新坊桥、太平桥），而其北面的护城河没有相关桥梁的记载。由于经济发展，城区扩大，该河历经千年，发挥了重要的运输功能，两岸居民也逐步增加。至清代，前河自后来的朝京门外广济桥（今文亨桥、毗陵驿遗址），入西水关，借东、西下塘的市河，最后穿舣舟亭公园向东，其北岸发展为著名的历史文化街区（西瀛里、青果巷）。

二、毗陵郡城河

1. 内子城河

随着毗陵郡的建立，毗陵城池有所扩大，城内水系也有所扩展。江南运河经过郡城（后称内子城），与护城河相通，护城河呈方形，其南边在现西横街位置。城外还有一些南北向和东西向的河道。地方志记载常州最早的桥为东晋时建造的五熟桥，这是城东一条南北向河道上的桥（位于现省常州中学西侧）。

"五熟桥，在虹蜕桥北，晋永和三年建。""新坊桥，在天禧桥东，梁大同元年建，晋陵、武进于此分境。""太平桥，旧名通波，又名建元。齐建元中建，唐建元中修。后以直太平寺，故名。以上跨运河。"（［南宋］史能之，《咸淳毗陵志·卷第三地理三》）

2. 锁桥河

西晋毗陵郡建立时，郡城选址在内子城处，距原毗陵县治约2里路。郡城北面有水道主要接受孟渎浑水，且水量不足；当时西蠡河水位高于江南运河常州段水位，可以从该河调用荆溪清水进城，锁桥河承担了这个功能。

"惠明河，西南引荆溪水自南水门入舜宜桥，汇入迎秋门，经郡前稍东又南，入化洞河，出洞子门与后河合流入运河。"（［南宋］史能之，《咸淳毗陵志·卷第十五·山水·河·州》）

三、上容渎与破冈渎

东晋南北朝时期，建康为南方政治文化中心。当时，都城供给主要取自太湖流域与钱塘江下游流域两个地区。南朝梁时，朝廷在破冈渎北，平行开凿同样的一条运河，名上容渎，以代替破冈渎。该运河从句容县东南五里的地方开始，自分水岭顶点向西南建5座堰埭接秦淮河水系，向东南建16座堰埭接太湖水网。南朝陈时，又废上容渎，重开破冈渎，陈灭亡后被废弃。

上容渎、破冈渎的开凿既缩短了太湖地区漕舟至建康的路程，又避免了长江之风险。但是，由于破冈渎所在区域地势高昂，水量较小，其中虽有塘埭设置，所蓄水量有限，舟行期间，不得并行，漕运仍然困难。《南齐书·萧子良传》载萧子良语称：台使行经破冈渎，因"破冈水逆，商旅半引，逼令到下，先过己船"。至隋灭陈，由于全国重新统一，建康不再作为都城，政治地位大大下降，上容渎、破冈渎的漕运作用丧失，逐渐退出历史舞台，但直到唐代前期其水尚未断流，至唐末废弃。

第三节 湖区开垦

晋代起，因长江泥沙淤积，晋陵东部（现武进区）靠近江边的芙蓉湖（即无锡湖）底抬高。当地居民与地方官府曾尝试组织较大规模的围垦活动。

一、别墅

东晋时，北方士族南迁，但是良田大多都被土著江南大族占领，他们只能以屯封别墅的形式向山林湖泽发展。为了吸引和照顾侨姓家族在江南地区重建家园，东晋初年"弛山泽之禁"，官僚贵族纷纷通过占山护泽的手段建立庄园。后来，虽然朝廷一直禁止豪强士族侵占山林川泽，相关诏令颁布不断，但是禁断不止，收效甚微。晋陵郡周边湖区广阔，水旱无常，开发较晚，人口稀少，农业条件较差，许多庶族（次等士族）被安置在这里（如东莞姑幕人徐澄之与乡人东莞莒人臧琨等）。因为这里有大片的湖沼湿地有待开发，还有三国孙吴屯田开发的公田（由官府组织开发并由官府所有）可以安置，所以，当地筑岸围田大兴，其围垦的圩田很多，称为墅，其面积几十亩、几百亩不等，至今常州还保留许多这样的地名。旧常州武进、无锡、宜兴、江阴等地区有很多地名带"墅"字，往西到丹阳、江宁越来越少，苏州也很少（江宁、栖霞一带尚有桦墅、大里墅、宋墅等村庄名，苏州仅保留了浒墅关镇以及越溪附近的蠡墅）。墅的本义是农舍，引申为别墅。北宋徐铉《稽神录·卷一·李诚》："江南军使苏建雄，有别墅在毗陵，恒使傔人李诚来往检视。乙卯岁六月，诚自墅中回，至句容县西。"说明苏建雄住在江宁府（今南京），有别墅在常州，他之所以到常州建别墅，可能是离南京较近的缘故。现代研究者认为，东晋以后官僚士族对晋陵湖沼的围垦开发是古代田园综合体的最早实践，也是常州多墅的初始原因。据《咸淳毗陵志》晋陵县、武进县境图，南宋末年常州府城东晋陵县有以墅为地名者尚有 10 处，它们是狄墅、柳墅、符墅、田墅、姚墅（2 处）、戚墅（2 处）、黄墅（2 处）；城西武进县尚有 7 处，它们是黄墅、北黄墅、魏墅、路墅、狄墅、赵墅、苏纪墅。《咸淳毗陵志·卷第六·官寺二·场务》记载，晋陵县的村坊中以墅为名者有史墅、董墅、王墅、符墅、卞墅、夏墅、许墅、石墅、黄墅，武进县有陈雁墅。别墅重名者较多，如黄墅、姚墅、狄墅等，其原因应是某姓官僚拥有多处别墅。

二、官圩

东晋（元帝）时，晋陵内史张闿（265—328）先泄芙蓉湖水往引至西边晋陵，然后再筑岸围田增加圩区，"水涨时专增其里，水干涸时兼筑其外"，终因工程量过于浩大，又恰好碰到严冬而施功不成。

南朝刘宋元嘉年间，芙蓉湖因年久淤积，分化出阳湖、菱饶、临津（宋建湖）诸湖。官府治理阳湖，在其周边得良田数百顷，这是史籍明确记载在芙蓉湖较大规模围田成功的事例。

"又于土山营墅，楼馆竹林甚盛。"（《晋书·谢安传》）

"《南徐记》云：晋张闿（阊）基其中，泄湖水令入五泻，注于具区，欲以为田。盛冬著褚衣，令百姓负土，值天寒凝冱，施工不成而罢。"（[清]《康熙常州府志·卷之四·山川》）

"阳湖在县东五十里，东西八里，南北三十二里，中与无锡分派，北通茭韶［本曰蛟涛，后人讹之］、临津，总为三湖。《南徐记》云：宋元嘉修废，成良畴数百顷，俗号宋建。……以近阳山，故名。"（［南宋］史能之，《咸淳毗陵志·卷第十五·山水》）

"《南徐记》云：阳湖壅塞久坏，宋文帝元嘉中治湖之四旁，成良田数百顷，今存湖名。其北复有一湖，俗谓之北阳湖，亦曰宋建湖。度其地，本临津，以宋文帝尝治，故名。"（［明］《永乐常州府志·卷五·湖》）

第五章

隋唐五代时期

隋代，京杭大运河开通，为常州创造了优越的运输条件。唐安史之乱后，中原居民又大规模南迁，当地人口增加，经济规模扩大，长荡湖、滆湖周边应是圩田大增。隋唐时，大运河及各通江河道如利港、灶子港、烈塘、孟渎等，各湖区河道如泾渎、珥渎（今丹金溧漕河北段）、古荆溪（今丹金溧漕河中段）、谢达渎等均得到多次的疏浚。晚唐时，常州所辖晋陵、武进、无锡、江阴先后被朝廷列为望县（经济规模较大的县），溧阳县被朝廷列为上县，常州则被列为望州。

在吴、吴越、南唐等的政权替代中，常州地区对水系的整治仍没有停止。杨吴时，胥溪上游筑五堰以资通航。吴越王钱镠统治期间（907—932），自嘉兴、松江沿海滨到常熟、江阴、武进，凡一河一浦都造堰闸，蓄泄有时，以待旱涝；并设撩浅夫（河道清淤的民夫）、开江卒（守江护水的兵丁），专事太湖水道疏浚维护。南唐保大元年（943），修建孟渎水门。

唐代未见湖区开垦记载，但是相关开发应该一直在缓慢进行。唐诗及地方志的有关记载表明，当时的芙蓉湖是"湖面百里，一望皆菰蒲荷芰，为江南烟水伟观"。从江阴至京口必先渡湖，再经京杭大运河到达。

"钱氏时尝置都水营田使以主水事，募卒为都，号曰'撩浅'。"（[宋]朱长文《吴郡图经续记·卷下·治水》）

"以新旧菱荡课利钱送钱塘县收掌，谓之开湖司公使库，以备逐年雇人开莳撩浅。"（《宋史·河渠志七》）

"开河不竭水而以器捞泥曰撩浅。"（［清］顾张思，《土风录·卷六》）

"唐末五代有撩浅夫、开江卒，以时浚治，水不为害，而民常丰足。"（［清］钱泳，《履园丛话·水学·总论》）

"李绅诗云'丹树村边烟火微，碧波深处雁初飞。萧条落叶垂杨岸，隔水寥寥闻捣衣'。湖面百里，一望皆菰蒲荷芰，为江南烟水伟观。皮日休、陆龟蒙与毗陵魏不琢载酒赋诗，由此经震泽，穿松陵，抵杭越。"（［南宋］《咸淳毗陵志·卷第十五·山水·湖》）

"芙蓉圩，本古芙蓉湖地……江阴漕艘由常出京口必先渡湖，非今之绕出无锡桥也。其中，多植芙蓉，盛夏红映水面，绰约可观。唐时天随子陆君龟蒙同皮君袭美、魏处士朴作五泻舟携笔床茶灶，徜徉其中，赋诗不辍，事载郡邑志。今芳茂山麓龟蒙故址尚存。"（［清］张之杲等，《芙蓉湖修堤录·卷一·图说》）

第一节 河道开浚

大运河建成后，其河道由于地理环境的特殊性容易淤塞；常州沿江河流江水来速去缓，泥沙易于沉积。因此，对大运河及入江河道的疏浚成为当地经常性的水利工程。

一、京杭大运河

隋唐时，南北统一，太湖流域农业发展很快，成为朝廷所需粮食的重要产地。此时，江南运河北段的丹徒水道（后来的徒阳运河）早已淤塞不通。隋大业六年（610）冬，隋炀帝疏拓江南运河，京杭大运河开通。朝廷在江南征收的粮食通过大运河转运。通过水路转运粮食，中国古代称为漕运。朝廷征收的漕粮汇聚到常州转运，从位于大运河东西沿岸的西仓和东仓受兑发运，且运量逐年增加。以后历代朝廷和地方官府，都非常重视大运河漕运。

当时的常州府在800余里的江南运河中，占有东自望亭风波桥、西至奔牛堰，全长170多里的区域，其中穿过郡城中心的运河段有40余里。常州府是江南运河流经地域最长，穿城距离最长的城市。大运河常州段先后设有奔牛闸、新闸、戚墅堰，蓄上游水，以资通航。江南运河苏、常间地傍太湖，水源充沛，惟常州以西地势高亢，靠江潮和练湖补水，水浅易泄。唐永泰二年（766年），转运使刘晏、刺史韦损重开练湖，置斗门蓄水济运。自此，常州因其三水（太湖、滆湖水系，皖南水系和长江水系）交汇和连江通湖的独特地理优势，成为"苏松至两浙七闽数十州，往来南北两京"的交通枢纽。

"大业六年冬十二月，敕穿江南河，自京口至余杭，八百余里，广十余丈，使可通龙舟，并置驿宫、草顿，欲东巡会稽。"（《资治通鉴·卷一八一》）

"三吴襟带之邦、百越舟车之会。"（《太平寰宇记·卷九十二·常州》）

"毗陵为南北要冲，襟三江带五湖。形势甲于东南。""运河东自望亭风波桥入郡界，西至奔牛堰，凡百七十里有奇。……齐《地志》云：丹徒水道通吴会，六朝都建业，自云阳西城今丹阳凿运渎径抵都下。隋初尝废。大业六年诏自京口至余杭穿河八百里，广十余丈，欲通龙舟巡会稽。唐白居易有'平河七百里'之句。"（［南宋］史能之，《咸淳毗陵志·卷第十五·山水·湖·晋陵》）

"苏松至两浙七闽数十州，往来南北两京者，无不由此途出。"（［清］李兆洛、周仪暐，《武进、阳湖合志·卷三舆地志三·水利·明》）

"知县马汝彭《水利图册·序》曰：水道以运河为主，而众流宗之。大江绕我郡境，西自京口分流，历丹阳贯郡城而东趋者运河也，后废，而隋凿之。"（［清］李兆洛、周仪暐，《武进、阳湖合志·卷三舆地志三·水利·明》）

二、沿江五渠

唐大历元年（766），工部侍郎李栖筠（719—776）被外放到常州任刺史，

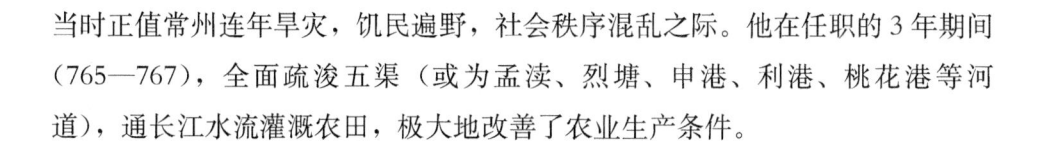

当时正值常州连年旱灾，饥民遍野，社会秩序混乱之际。他在任职的3年期间（765—767），全面疏浚五渠（或为孟渎、烈塘、申港、利港、桃花港等河道），通长江水流灌溉农田，极大地改善了农业生产条件。

"元载忌之，出为常州刺史。岁仍旱，编人死徙踵路，栖筠为浚渠，厮江流灌田，遂大稔。"（[北宋]宋祁、欧阳修等，《新唐书·卷一四六·李栖筠传》）

"李栖筠，字贞一，赵郡人。幼庄重有远度，为文劲迅。族子华称有王佐才。肃宗时拜工部侍郎，魁然有宰相望。元载忌之，出为常州刺史。岁旱编氓流徙，乃浚五渠，通江流溉田，岁大稔。兴起学校，堂上书《孝友传》示诸生。"（[南宋]史能之，《咸淳毗陵志·卷第七》）

三、孟渎

唐元和六年（811），孟简（？—823）任常州刺史。在此期间，他主持治理孟渎、孟津河、泰伯渎等。他发现，长江自镇江以下江宽水深，风大浪高，漕粮船航行承受极大风险，粮船大多由南运河至京口过江到对岸北运河北上。但由于奔牛以上河段地势高亢，一遇枯水，航船堵塞，交通极为不便，严重影响了漕粮船的通行。同时由于武进西北无通江大河，加上地势高亢，灌溉困难，农业作物收获无保障。于是在元和八年（813），孟简征集常州郡内及附近的民工15万余人，对北自河庄（今孟河城）附近长江岸起、南至奔牛附近万缘桥、长41里的运河段，进行了贯通拓浚，引长江水入运河。从此，漕粮船可经此河入江，沿扬中大沙洲内侧夹江西航至润州附近过江入北运河，有效地分流了漕运。河水还灌溉了周围4 000余顷土地。

"（元和）八年三月，常州刺史孟简开漕古孟渎，长四十一里，得沃壤四千余顷。"（[北宋]王钦若等，《册府元龟·卷四百九十七·邦计部·河渠》）

"元和八年，孟简为常州刺史，开漕古孟渎，长四十里，得沃壤四千余顷。观察使举其课，遂就赐金紫焉。"（[北宋]王溥，《唐会要·卷八十九·疏凿利人》）

"简始到郡，开古孟渎，长四十一里，灌溉沃壤四千余顷"。（[后晋]刘昫等，《旧唐书·孟简传》）

"孟渎……唐元和中，刺史孟简浚导，袤四十一里，溉田四千余顷。南唐保大初，修水门，国朝庆历三年，令杨玙谕民疏治，复通江流。"（[南宋]史能之，《咸淳毗陵志·卷第十五·山水》）

"孟简，字几道，平昌人，元和中拜谏议大夫，以论事出为常州刺史。浚导孟渎，溉田千顷，以劳赐金紫，召拜给事中，又浚无锡泰伯渎。"（[南宋]史能之，《咸淳毗陵志·卷第七·秩官一》）

四、泾渎

隋大业末年（618），永世（今溧阳）县令达奚明浚泾渎（今丹金溧漕河南段）。据旧志记载，晋宋时，已有泾渎，原有河道阔只十步，春夏水深三尺，秋冬水深一尺。隋大业间，永世县令达奚明曾加以疏浚，使之成为太湖西部地区的干河之一。

"甓桥……祥符《润州图经》云：'径渎，阔一十步，县西十三里长塘湖北口至江宁府溧阳县三十七里，春夏水深三尺，胜五十石舟，秋冬深一尺，胜二十石舟。隋大业末，宣州永世令达奚明因晋宋之旧，加疏决为桥，甓甃两岸取其坚固，今桥在溧阳县界。'"（[南宋]周应合，《景定建康志·卷十六·疆域志二·桥梁》）

"径渎在溧阳县北三十里，水自金坛县界来，入长塘湖。《镇江志》谓：晋宋旧有此渎，隋大业初，县令达奚明又加疏决。"（[南宋]周应合，《景定建康志·卷十九·山川志三·沟渎》）

"径渎在溧阳州北三十里，自金坛县界来，入长塘湖（镇江志

云，晋宋旧有此渎，隋大业中县令达奚明又加疏决)。"（［元］张铉，《至大金陵新志·卷五下·山川二·沟渎》）

五、孟津河

唐代元和年间，孟简担任常州刺史，曾疏浚孟津河，此河是滆湖西岸的一条重要河流，河道纵横，交叉沟通。该河开凿年代不详，应早于唐。

"孟径在县（宜兴）西北四十五里，刺史孟简所浚，以杀滆湖风涛之势，南入塞溪，因姓以名径，径俗呼为泾"。（［南宋］史能之，《咸淳毗陵志·山水》）

"孟径河，唐刺史孟简浚，通志（《江南通志》）作孟津，或作孟泾。……经怀德南、钦风、大有、栖鸾、尚宜五乡，行五十里入宜兴界，西南诸水趋湖者道于此焉"。（［清］李兆洛、周仪暐，《武进、阳湖合志·卷三舆地志三·水道》）

六、关城濠

五代吴天祚元年（935），刺史徐景迈筑罗城，凿罗城南濠，亦称关河。"城河一在外子城，环绕郡治，通俗号'城濠'。一在罗城外，通俗号'关河'，东通吴门，西朝京门，皆连运河。"（《咸淳毗陵志·卷第十五·山水》）

罗城修建把已经城市化的前河两岸纳入城内，同时利用了原有的河道，因此该城的形状极不规则，城外的护城河——罗城南濠也极不规则。古代城墙大多方正，少数或是圆形，而五代修筑的常州罗城为沿京杭大运河展开、呈西北、东南向的纺锤形，北面的护城河称北关河，南面的称南关河。

1. 北关河

北关河主要接受大运河上游（大运河上游主要接受孟河来水）和藻港河来水，因受海潮影响，河水浑浊，船民停靠生活不便，因此从来没有承担过主航道功能。前河与西蠡河交汇（两河交汇处在今南大街境内），接受西蠡河来水，西蠡河接受滆湖水，河水清澈。河水清澈有两个优点，一是方便居民

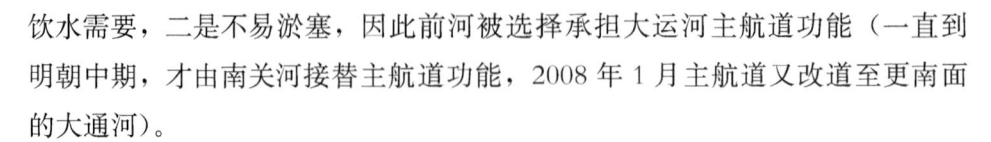

饮水需要，二是不易淤塞，因此前河被选择承担大运河主航道功能（一直到明朝中期，才由南关河接替主航道功能，2008年1月主航道又改道至更南面的大通河）。

2. 南关河

南关河双称城南渠（濠），当时宽度"三寻余"（约8.5米）。它的意义在于：在原州城运河（后来的前河）以南又增加了一条绕城而过的水道，承担部分运河功能。（地方志未见宋代该河的疏浚记载）

第二节　堰闸塘坝

常州地形为西高东低，往北地势走高，尤其丹阳至镇江属高亢平原，河床高，水源不足。因此，京杭大运河常州段东西落差较大。为了解决常州北段运河水源不足问题，秦汉以来就曾在西北部凿岗引水，同时为防止来水流失，在河道上筑坝围堰，形成众多的堰闸。唐代起，境内所有河道均设堰闸，蓄泄有时，著名者有奔牛闸。

早在春秋淹城城壕开掘中就显示出的"涵洞"技术，到唐朝有进一步的发展。于运河底埋置涵管，暗穿运河，分流入江，以分泄太湖西北洪水。宋人单锷的《吴中水利书》有此记录。古代涵洞的材料可以分为竹、木、陶制和石砌多种，常州大运河中的涵洞是木质的。

"古之所创泾函（涵），在运河之下，用长梓木为之，中用铜轮刀水冲之，则草可刈也，置在运河底下，暗走水入江，今常州有东西二函（涵）地名者，乃此也。"（［北宋］单锷，《吴中水利书》）

"西门外三里运河中，水涸，有巨木横亘，河底俗称海眼即海子口也。又宋单锷水利书：古人治水有泾函，在运河下，用长梓木为之，中用铜轮刀，水冲之则草可刈，置之运河之底，暗走水入江今常州有东西二函地名，即此也。昔治平中，提刑元积中开运河，尝见函管，管中皆泥沙，不可复易，海子口当是西函。丁堰清水潭下

架巨木，木上积土成田，发之水溢当是东函。"（[清]《光绪武进阳湖县志·卷三十·杂事·摭遗·舆地类》）

一、奔牛闸、新闸

隋炀帝拓建江南运河，"广十余丈，（深）使可通龙舟"，这就必须积蓄运河水量，抬高润州至常州段运河的水位。为此，在常州至镇江的运河段上，奔牛、京口、吕城三座大闸相继完成。又利用练湖（在现丹阳城西）水适时补充运河，在一定程度上保证了这段运河的水况。奔牛闸因奔牛镇而得名。

奔牛闸建成后，又有新闸的建造。常州素有"废奔牛，建新闸"之说，意谓废弃了奔牛闸后在其东侧数里新建水闸，故名新闸。新闸原为常州名镇，地处京杭运河北岸。据清代光绪《武进、阳湖县志》记载，早在唐朝这里就建有水闸。新闸镇有连通长江与运河的凤凰河，为了控制长江水而利于农耕必须建闸，明朝时水闸才废。1967年，大运河疏浚，现新闸段曾挖到闸基木桩及河闸木数百根，这些闸木是唐宋和元明时期的遗物，虽然明代已经废闸；但可想象当年新闸的规模不一般。奔牛闸和新闸在整个唐代直至宋代的数百年间，由于经济波动和社会的动荡，时兴时废，有时为闸，有时为堰。

"昔人创望亭、吕城、奔牛三堰，盖为丹阳下至无锡、苏州，地形东倾，古人创三堰，所以虑运河之水东下不制，是以创堰节之，以通漕运……"（[北宋]单锷，《吴中水利书》）

"岷山导江，行数千里至广陵丹阳之间，是为南北之冲，皆疏河以通运饷；北为瓜洲闸，入淮汴以至河洛，南为京口闸，历吴中以达浙江。而京口之东有吕城闸，犹在丹阳境中。又东有奔牛闸，则隶属常州武进。以地势言之，自创为是运河时，是三闸已具矣。盖无之则水不能节，水不能节则朝溢暮枯；安在其为运也？苏翰林曾过奔牛，六月无水，有'仰观古堰'之叹……"（[南宋]陆游《重修奔牛闸记》）

"新闸，跨运河，唐时建，明末废。"[清]《光绪武进阳湖县志·卷三 营建·桥渡闸坝》)

二、戚墅堰、丁堰

其时，常州大运河东南还有戚墅堰、丁堰，用于控制运河水位。当时当地居民多为戚姓（建造年代可能为唐代。因为戚墅堰以东是芙蓉湖区，地势低洼。与奔牛堰同理，这里如果没有堰，西部无法蓄水通航。以下所知的历史记载只是宋代的，还需要查证）。

因在大运河边，北宋时当地名称为"戚氏港"（当时应已有堰），后称戚墅港、戚墅堰。丁堰在戚墅堰西2公里处，当地有一条丁塘港，与大运河成"丁"字形，故名丁堰。古代在当地不仅筑堰，而且建闸，既节制水流又便利漕运。

"常州运河之北偏，乃江阴县也。其地势自河而渐低。上自丹阳，下至无锡运河之北偏，古有泄水入江渎一十四条。曰孟渎、曰黄汀堰渎、曰东函港、曰北戚氏港"（[北宋]单锷，《吴中水利书》）

"丁堰在县东九里。戚墅堰在县东十八里。""戚墅港在通吴门外十八里南通直湖港皆晋陵无锡接境入太湖"（[南宋]史能之，《咸淳毗陵志·卷第十五山水》）

"盖毗陵地势西仰东倾，吕城、奔牛闸仅可蓄奔牛以西之水，济丹阳运。五洎闸乃可蓄无锡以西水，济毗陵运。今其迹虽久废，宜于丁堰、戚墅间特置一闸，以时启闭；常蓄水五六尺，则运河免灌注挑浚之劳。"（《宋史·河渠志》）

三、洞子河和泾涵

早在春秋淹城城濠开掘中就显示出的"涵洞"技术，到唐朝有进一步的发展。于运河底埋置涵管，暗穿运河，分流入江，以分泄太湖西北洪水。

京杭大运河江南段开通后，其水自西北向东南流，因为丹阳至常州地势从高到低且水源不足，为了维持通航，需要沿河筑坝蓄水。但是，运河以西南滆湖、长荡湖之水需要向东南排泄入江，如经过运河必导致其水位下降，影响通航。于是，常州先民在运河底部铺设大型的涵管，让湖水穿过河底排入长江，又不走泄运河流水，保证其通航。当时，常州有南北两条洞子河（在今新闸街道，后人讹为童子河），它们是通过运河底部的涵洞相通的。

在今五星街道境内大运河上原有海子口和西河洞的地名，也是当时运河底部通水的涵洞。海子口、西河洞在《光绪武进阳湖县志》卷首的怀北乡图上有标示。海子口在运河南岸（在运河支流，当即海子口河，入运河处），洪庄村北，在今天的五星大桥之东。清同治13年（1874），汤成烈纂修《汤氏家乘》卷首的"汤氏家言卷一、壬戌日记"有："祖茔在西门外海子口平江村，去城十里，往返皆乘船"的记载。所谓的"海子口"，别的城市也有，当是古人的水利设施。

西河洞在今中吴大桥西，清代时北为西河洞河，南为司马河，应是宋代单锷所称的常州西涵。明代，有人在丁堰运河底部发现巨木，也应是唐代常州运河上的涵洞，宋代单锷所称的常州东涵。

"古之所创泾函，在运河之下，用长梓木为之，中用铜轮刀水冲之，则草可刈也，置在运河底下，暗走水入江，今常州有东西二函地名者，乃此也！"（[宋]单锷，《吴中水利书》）

"按朱昱《毗陵杂记》云：郡城朝京门外三里运河中，岁旱水涸，见有巨木横亘河底，乡人称为'海眼'，又名'海子口'。""城东丁堰清水潭，下架巨木，上久积土成田矣，乡人发之则水溢，此尤东门函之证也。"《万历常州府志·卷二·武进·海子口》

四、陂塘

为了适应人口增长和拓垦耕地的需要，官府不仅对旧有坡塘堰坝加以整修、改造，还兴建了不少塘堰灌溉工程，从而恢复和扩大灌溉效益。五代以后，金坛、溧阳圩区得到大规模开发，逐渐形成塘坝沟河及大小圩堤等水利系统。

南唐"保大十一年（953）十月，诏州县陂塘湮废者，皆修复之。力役暴兴，常州为甚。"（《南唐书·纪》）

五、胥溪伍堰

唐景福元年（892），宣州观察使杨行密派部将台濛在当年伍子胥开凿的河道上，依水位落差筑起5道拦水坝，层层控制水流水位，后世称鲁阳五堰。台濛从中江下游的溧阳宜兴等地筹集粮食，用轻巧运粮小船越过一道高起一道的水坝而上，然后运至宣州。杨行密最后反击，打败孙儒。五堰维持了胥溪水运的畅通。

有学者认为，鲁阳五堰不在胥溪上。成书于天顺五年（1461）的《大明一统志》引《十国纪年》将鲁江五堰定在鲁明江。除《纪年》外，这一记载也见于《肇域志》、康熙《太平府志》、光绪《重修安徽通志》等志书的征引。《十国纪年》成书在宋神宗熙宁四年（1071）以前，可能亡佚于明末清初。《大明一统志》引文较可靠。《十国纪年》以外，还有一部北宋史书也记载了鲁江五堰，即《九国志》。

即使鲁阳五堰不在胥溪上，最迟在北宋初年胥溪上游应有堰埭存在。北宋时单锷的《吴中水利书》中有《伍堰水利》篇专门讨论胥河水利。《伍堰水利》记载"昔钱舍人公辅为守金陵，尝究伍堰之利"，"一日钱公辅以世之所为伍堰之利害，与锷参究，方知始末，利害之议完也"。其中提到银林、分水两堰。钱公辅曾知建康府，熙宁二年（1069）罢去，两人见面当在熙宁二年前。

另据《元和郡县志》记载，当时的当涂县有芜湖水，在县西南80里，源出丹阳湖，西北流入大江，也就是说，唐元和以前此地已置堰，故濑水（胥溪）不东流而西北入江不始于台濛。《嘉庆溧阳县志》作者认为此说比较接近事实，即在台濛之前，胥溪之上已经筑有堰坝，但是不知何人筑于何时（应不晚于唐代）。

（景福元年），"孙儒围行密宣州，凡五月不解。台濛作鲁阳五堰，

挖轻舸馈粮，故行密军不困，卒破儒"。（［北宋］《新唐书·杨行密传》）

"及儒栅陵阳，濛于鲁江五堰作轻舟馈粮，终儒之世，军无饥色。"（［北宋］《九国志·台濛传》）

"杨吴筑五堰，地属溧水，嘉靖筑下坝，地属高淳。久非溧阳境。然其地为东南水利之大源，而梁陈以前固溧阳属也，故附录于塘遏之后。""五堰者，唐景福三年杨行密将台濛于溧水县境始筑之，所谓鲁阳五堰也。……［案：王鸣盛《尚书》后案，据《元和郡县志》，当涂县有芜湖水，在县西南八十里，源出丹阳湖，西北流入大江，谓元和以前此地已置堰，故水不东流而西北入江不始于台濛，其说殊为有理。但从前置堰，传无明文，今亦姑自濛始耳。］"（［清］《嘉庆溧阳县志·河渠志塘遏》）

第六章

宋元时期

宋代，太湖流域农业在全国的重要性突显，朝廷在当地贯彻西南堵、东北疏的方针，以防灾抗灾，保证粮食产出。同时，常州人口迅速增长，要求更多的粮田。北宋元祐时，各地有大规模的圩田开发，朝廷对此也很重视。北宋末年靖康之乱，北方人口又一次大规模南移，在常州定居者甚众，南北农业技术得以交流，经精耕细作，稻麦二熟制在当地推广，粮食单位面积产量大大提高，常州成为全国粮食的主要产地和集散地。陆游在《常州奔牛闸记》中载有"苏常熟，天下足"的谚语。

宋元时期，当地见于记载的大型水利工程增多，众多的圩田与其周边的湖面处于此涨彼消的动态平衡之中，城区水系适应经济发展要求而调整，大运河主航道向南开辟新的河道分流。朝廷经常使用当地驻防兵卒参与水利工程。北宋元符三年（1100）二月，朝廷下诏，许可苏、湖、秀州，凡开治运河、港浦、沟渎，修垒堤岸，开置斗门、水堰等，可以使用开江兵卒。元至大年间（1308—1311），浙江行省左丞相欢察台曾专门督治常州圩田。

"（元符）三年二月，诏：'苏、湖、秀州，凡开治运河、港浦、沟渎，修垒堤岸，开置斗门、水堰等，许役开江兵卒。'"（《宋史·卷九十六·河渠六·东南诸水上》）

"元至大（1308—1311）时，浙江行省左丞相欢察台督治常州田围。"（[清]《武阳合志·卷三·舆地志三·水利》）

"平江、常、润、湖、杭、明、越，号为士大夫渊薮，天下贤

俊多避地于此"。（［宋］李心传，《建炎以来系年要录》•卷二十）

第一节 河 道 开 浚

一、京杭大运河

两宋时期，为保证漕运，大运河（宋元时官府称京杭大运河江南段为浙西运河，亦简称运河）特别是丹徒至武进河段经常疏浚。宋初，未见常州大运河水利工程的记载。

嘉祐二年（1057）七月，王安石到常州任知州，发现郡内运河淤塞，水流不畅，危害极大，随即从辖县调集民工，疏浚常州境内河道，此举遭司马光之兄司马旦等人的异议（司马旦时任宜兴县令），运河开浚计划举步维艰。恰在此时，秋雨大作，连绵不断，督工者纷纷托病不就，各县夫役也叫苦不迭。此情此景，王安石无计可施，运河开浚一事，只得就此作罢。

嘉祐六年（1061），运河淤塞严重，阻碍太湖积水北泄长江，知州陈襄疏浚常州段运河。此后一直到治平四年（1067），官府在常州至润州间开淘运河。绍圣二年（1095），朝廷下诏在武进、丹阳、丹徒县界修葺沿河堤岸及石砣、石木沟，并委令佐检察修护。宣和五年（1123），朝廷疏通常州及镇江大运河段。

南宋淳熙二年（1175），武进县丞韩隆胄、尉秦膺刚浚治运河，浚常州运河三十里。五年（1178）十月募工，自无锡县以西横林小井及奔牛、吕城一带地高水浅之处开浚，以通漕舟。七年（1180），朝廷下诏江南运河有浅狭处，令地方官员逐次开浚。十一年冬，朝廷批准开浚常州至丹阳、丹阳至镇江大运河段。

元代，前河仍然是运河的主航道，该河天禧桥东设有水马站，但是由于两岸商贸业发展、居民增多，通航受到影响。

元末至正元年（1341），朝廷修治从镇江程公坝至常州武进县吕城坝运河，河长共计131里146步，开河面阔5丈，底阔3丈，水深4尺，水以上还可积水2尺，共深6尺，开河民工由平江、镇江、常州、江阴州派遣。元朝开始建海上运输，京杭运河漕运的作用有所下降。

"时王安石守常州，开运河，调夫诸县。旦言役大而亟，民有不胜，则其患非徒不可就而已，请令诸县岁递一役，虽缓必成。安石不听。秋，大霖雨，民苦之，多自经死，役竟罢。"（《宋史·卷五十七·司马旦列传》）

"嘉祐六年（1061），知常州陈襄浚运河。以太湖积水横遏运河，不得入江为民患，浚之患息。"（[清]《武进、阳湖合志·卷三·舆地志三·水利》）

"治平四年（1067），诏修夹冈河。都水监言，自两浙相度到润州，至常州界，开淘运河，废置堰闸，乞候今年暂止运河工，开修夹冈河道，从之。"（[清]《武进、阳湖合志·卷三·舆地志三·水利》）

"绍圣二年（1095），诏'武进、丹阳、丹徒县界沿河堤岸及石砎、石木沟，并委令佐检察修护，劝诱食利人户修葺。任满，稽其勤惰而赏罚之。'从工部之请也。"（《宋史·志第五十·河渠六·东南诸水上》）

"（宣和）五年（1123）三月，诏：'吕城至镇江运河浅涩狭隘，监司坐视，无所施设，两浙专委王复，淮南专委向子諲，同发运使吕淙措置车水，通济舟运。'四月，又命王仲闳同廉访刘仲元、漕臣孟庾专往来措置常、润运河。又诏：'东南六路诸闸，启闭有时。比闻纲舟及命官妄称专承指挥，抑令非时启版，走泄河水，妨滞纲运，误中都岁计，其禁止之。'"（《宋史·志第五十·河渠六·东南诸水上》）

"淳熙二年（1175），知平江府陈岘督同武进县县丞韩隆胄、尉秦膺刚浚治运河……浚常州运河三十里。五年，从漕臣陈岘言，浚常州运河以通漕舟。十月募工，自无锡县以西横林、小井及奔牛、吕城一带，地高水浅之处开浚，以通漕舟。七年，诏运河有浅狭处，

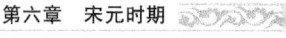

令守臣以渐开浚。"（[清]李兆洛、周仪暐，《武进、阳湖合志·卷三·舆地志三·水利》）

"淳熙五年（1178），以漕臣陈岘言，于十月募工开浚无锡县以西横林、小井及奔牛、吕城一带地高水浅之处，以通漕舟。"（《宋史·志第五十·河渠七·东南诸水下》）

"浙西运河，自临安府北郭务至镇江江口闸，六百四十一里。淳熙七年，帝因辅臣奏金使往来事，曰：'运河有浅狭处，可令守臣以渐开浚，庶不扰民。'至十一年冬，臣僚言：'运河之浚，自北关至秀州杉青，各有闸堰，自可潴水。惟沿河上塘有小堰数处，积久低陷，无以防遏水势，当以时加修治。兼沿河下岸泾港极多，其水入长水塘、海盐塘、华亭塘，由六里堰下，私港散漫，悉入江湖，以私港深、运河浅也。若修固运河下岸一带泾港，自无走泄。又自秀州杉青至平江府盘门，在太湖之际，与湖水相连；而平江阊门至常州，有枫桥、许墅、乌角溪、新安溪、将军堰，亦各通太湖。如遇西风，湖水由港而入，皆不必浚。惟无锡五泻闸损坏累年，常是开堰，彻底放舟；更江阴军河港势低，水易走泄。若从旧修筑，不独潴水可以通舟，而无锡、晋陵间所有阳湖，亦当积水，而四傍田亩，皆无旱暵之患。独自常州至丹阳县，地势高仰，虽有奔牛、吕城二闸，别无湖港潴水；自丹阳至镇江，地形尤高，虽有练湖，缘湖水日浅，不能济远，雨晴未几，便觉干涸。运河浅狭，莫此为甚，所当先浚。'上以为然。"（《宋史·志第五十·河渠七·东南诸水下》）

"自镇江在城程公坝，至常州武进县吕城坝，河长百三十一里一百四十六步，拟开河面阔五丈，底阔三丈，深四尺，与见有水二尺，可积深六尺。所役夫于平江、镇江、常州、江阴州又建康路所辖溧阳州田多上户内差倩。……遂于（泰定元年，1324）是月（正月）十七日入役。二月十八日，省臣奏：'开浚运河、练湖，重役也，宜依行省所议，仍令便宜从事。'后各监工官言：'已分运河作三坝，依元料深阔丈尺开浚,至三月四日工毕。数内平江昆山、嘉定二州,实役二十六日,常熟、吴江二州,长洲、吴县,实役二十八日,余皆役三十日,已于三月七日积水行舟。'"([明]宋濂等,《元史·志第十七上·河渠二·练湖》)

"至正元年(1341),都水营田使左答纳失里修治各府路州河塘。从浙江行省中书左丞相欢察台之议也。自镇江在城程公坝至常州武进县吕城坝,河长百三十一里一百四十六步,拟开河面阔五丈,底阔三丈,深四尺,与见有水二尺,可积深六尺,所役夫于平江、镇江、常州、江阴州取之。"([清]《武进、阳湖合志·卷三·舆地志三·水利》)

"本郡元置水马站,在天禧桥东,各设提领一员,站舡(船)三十只,站马六十四。"([明]《永乐常州府志·卷七官制·公署·驿站》)

二、后河

常州城内最主要的商业区和手工业区,无论是西瀛里还是青山门都紧挨着城河,众多商船都依靠城市水道来实现农副产品和手工业商品的运输和交流。同时,水道还影响着城市居民的生活。常州官府和士绅十分重视城河整治。

北宋天圣年末,常州城中顾塘河开通。顾塘河又名市河、后河,该河西引惠明河(南外子城河),东与大运河相接,开凿年代应早于唐,后由于长期不浚,河道湮淤。当时常州知州李余庆为鼓励富户资助开河,夸口说只要此河开成,当地科举必定兴旺。后来,常州府确实出了不少进士,其中有钱公辅(探花)、胡宗愈(榜眼)、余中(状元,宜兴人)。市河重浚后,邹浩、陆游等都撰文表彰李余庆治水为民的功绩。邹浩、陆游及有关志书说后河的疏浚在庆历三年(1043),清道光《武进、阳湖合志》作者考证,结论是《咸淳毗陵志》《成化重修毗陵志》记载的天圣七年至明道元年之间(1029—1032,即李余庆任职常州的四年)较符合史实。

北宋崇宁初年(1102),朱彦知常州。此时后河淤塞,朱彦调查研究,权衡利弊，疏浚开通后河。邹浩有《开后河遗事》记此事。

北宋末年，金兵侵犯中原，国家动荡，家破人亡，常州也未能幸免，后河严重淤塞。淳熙十四年（1187），常州知州林祖洽组织晋陵、武进两县官吏和百姓再次疏浚后河，使河道恢复生机。疏浚后的后河长 300 丈，宽 30 尺，比原来挖深了 1 尺半。常州乡贤邹补之撰写《重开后河记》，南宋文豪陆游为常州撰写《常州开后河记》，详细记录了这段史实。咸淳元年（1265），知州史能之又疏浚后河，东西长 300 余丈，比原先挖深 7 尺。

后河之北为云溪（外子城河东南段），两河均西接惠明河，云溪向东延伸，后河向东南延伸，两河环绕之间形成一舌形半岛，称前后北岸。此地后来成为士族聚居的风水宝地。清朝洪亮吉《外家纪闻》曰："云溪之秀甲于郡中，环溪亦皆名族所居，记前哲胡芊庄诗曰：皇朝五十有七载，出四公卿两状元。"

"郡城中所谓后河者，乃旧守国子博士李公余庆创开。李公精地理，诱率上户共成此河，且曰：'自此文风浸盛，士人相继高科，三十年当有魁天下者，尔之子孙咸有望焉。'河成未几，学者果盛。已而，紫微钱公公辅登第三，右丞胡公宗愈继为第二，吏部余公中遂魁天下，其去河成之日适三十年，盖熙宁癸丑也。自后濒河之民多侵岸为屋，及弃物水中，由是堙塞，久不通舟。崇宁初年知给事中朱公彦出守于此，询究利病，得其实，于是浚而通之。向之形胜复出矣。今给事中霍公端友遂于次年魁天下士。是岁岁在癸未，去熙宁癸丑适又三十年。霍氏居河上游，河势曲折，朝揖其门，钟聚秀气，世有名人。今知太平州霍公汉英与其侄给事，数十年相望起东南，为时显用，然则形胜之助，孰谓不可信乎？"（邹浩，《开后河遗事》，见［南宋］史能之，《咸淳毗陵志·卷第二十·词翰一》）

"后河，俗号市河，自南水门环外子城，历月斜桥、金斗桥、瑞登桥，穿郡市，出里虹桥入运河。天圣中李守余庆始开凿，邹忠公作记谓李明阴阳，三十年当有魁天下者，后如其言。详见词翰。"（［南宋］史能之，《咸淳毗陵志·卷第十五·山水·河》）

"运河,自望亭堰入常州路界,向西入城,经大市西出至奔牛堰,东西占无锡、晋陵、武进三界二百里。""惠明河……""后河自子城南水门分荆溪之流,经金斗、顾塘、葛桥以至土桥与漕渠汇,郡人以漕渠为前河,以此为后河,亦曰市河。……"([元]刘蒙,《大德毗陵志辑佚·山川·河》)

"三年,知常州李余庆辟顾塘河。余庆明阴阳,创辟此河,经大市引惠明河水南注漕渠,见后邹忠公《后河遗事》。案《咸淳志》,李守于天圣七年(1029)任,卒于郡,葬横山。葬后二十三年,为至和元年(1054),王金陵铭其墓,则葬于明道元年(1032),距莅任时仅四年,未知开河为何年也。咸淳志(《咸淳毗陵志》)、朱志(朱昱《成化重修毗陵志》)皆谓在天圣中,邹补之、陆游记谓在庆历中,盖据道乡先生《后河遗事》而云。然以三十年之数,适与庆历三年(1043)合。考天圣七年至熙宁六年(1073),不止于三十,且记亦未明,天圣、庆历或传述者脱'后'字欤?况邹之作记已在崇宁时,去天圣七十余年,正朱守彦浚河次年、霍端友及第时事。陆游所谓当日毗陵儒风蔚起,忠公居乡,士所尊信,时皆归美于公,公避不居,实以后河而为作记。至淳熙时,又去崇宁百余年,林守祖洽据记以浚复后河,是以邹、陆二公皆以为庆历时事耳!实则咸淳、朱志之言为是。惜天圣间无年可纪,仍录于此。"([清]《武进、阳湖合志·卷三·舆地志三·水利》)

"崇宁元年(1102),知常州朱彦浚后河。"([清]《武进、阳湖合志·卷三·舆地志三·水利》)

"淳熙十四年(1187),今太守林公下车逾年,既尊礼其诸老先生,延见其秀民,所以表励风俗而激劝儒学者,日夜不敢少息,弦歌之盛殆轶于承平时矣。而或以后河告者亦不废也。后河自崇宁后不治者积数十年,中更兵乱,民积瓦砾及冶家弃滓,故地益坚确。夏六月,林公乃搜闲卒,捐羡金,分命其属治之。不淹旬,渠复故道，袤若干，深若干，修若干，乃以书属予，曰：愿记其事。"（陆游，《常州开河记》，见［南宋］史能之，《咸淳毗陵志·卷第二十·词翰一》）

2. 城南渠疏浚

宋代，常州罗城外有城濠。大运河主航道仍然是穿越城内的前河。南宋建炎元年（1127），武进知县梁汝嘉疏浚城濠。

元初，城南渠淤塞。大德辛丑年（1301），常州府判官袁德麟开浚城南渠，分运河（前河）水于罗城外的城南渠绕城而过。原本五代时期开挖的城南壕就相当宽（2.5丈），此次重新开挖进一步拓宽，"自东而南，自南而西，延袤凡十里，比旧益深广"，工程约耗时半年。考虑到老百姓过河不便，建怀德桥、怀安桥、广化桥（见《明永乐常州府志》）。城南渠疏浚后，因为前河漕渠日益繁忙，也因为城南渠宽广通航方便，漕运船只逐渐移向城南渠，常州城水运呈现前河与城南渠双河并行的局面。

"建炎元年（1127），武进知县梁汝嘉疏浚城濠。"（［南宋］留正，《皇宋中兴两朝圣政·卷十一》）

"城河一在外子城，环绕郡治，通俗号'城濠'。一在罗城外，通俗号'关河'，东通吴门，西朝京门，皆连运河。"（［南宋］史能之，《咸淳毗陵志·卷第十五·山水》）

"袁德麟，益都人，为常州路判官，遇岁水旱赈济有方，浚城南渠以通舟楫。去任，人思其德，为立碑。"（［明］闻人诠修，陈沂纂，《南畿志·卷之二十二·郡县志十九·宦绩》）

"《泰定毗陵志》：大德五年，府判袁承直浚，桥梁顿复旧观。"（［明］《永乐常州府志·卷三·坊乡》）

"《毗陵续志》：郡城在城通渠有三，曰前河，曰后河，曰惠明河。元大德间，府判袁德麟重开。岁久湮塞，惟前河颇通轻舟。本朝洪武癸丑、甲寅，知府孙用两年于农隙之时，率郡人重浚，而武进县

主簿尹克昌董其役,其深广比旧有加,舟楫俱通,民甚便之。"(《前府判袁公政绩记》,见[明]《永乐常州府志·卷三·渠堰》)

"《泰定毗陵志》:沿城关河属晋陵、武进两邑,东西延袤九里,年深湮塞,舟楫不通。大德五年,路委府判袁公提调开浚,计工累万,不扰而办。为三桥,曰怀德,西曰怀安,南曰广化,得以通济舟楫,灌溉田畴,实为一郡之利。青龙桥在西门,毁于兵燹,至元三十一年(1294)重建。"([明]《永乐常州府志·卷三·桥梁》)

"漕渠贯城,束于民庐,众舟争先,往往斗殴。天久不雨,水浅舟滞,则争滋甚。公浚城南外渠,以里者九,以分其舟,行者便之。"([明]《永乐常州府志·卷十六·文章》)

"袁德麟,字彦祥,益都人,为常州路判官。创城东仓,徙吕城旧仓无锡,以便民输。遇岁水旱,赈济有方。漕渠贯城束民庐,水浅舟涩则喧滞弥甚。德麟浚城南外渠九里,以分其舟,行者便之。"([清]《康熙常州府志·卷之二十一·名宦·元》)

"大德辛丑,总府判官袁公奉檄专开浚关河之责,自东而南,自南而西,延袤凡十里,比旧益深广。兴工于农隙之时,兼旬而告成。跨河为梁者三,曰怀德,曰德安,曰广德。数百年之绝潢断港,一旦为通津,为活源,舟车得以通济,田畴资以灌溉,闾里交颂。"([元]文天锡,《重浚关河记》)

三、通江河道疏浚

庆历二年(1042),晋陵知县许恢浚戚墅堰港,自太湖口起凡90里通太湖;同年,浚灶子港(澡港河)凡40里,浚申港38里,均通长江。北宋庆历三年(1043),朝廷令杨玙重新疏拓孟渎。元祐初年(1086),江南发大水,朝廷全面疏通江南入江河道,武进县开庙堂港。

南宋淳熙九年(1182),章冲任常州知州,奏请朝廷治理本州湖港,开浚烈塘。烈塘北连长江,南通运河,入长江有东西两口。自南宋以后,烈塘与孟河一样成为一条通江的重要干流，不仅灌溉沿河两岸12万亩良田，还为滆湖、洮湖补充水源，对其水量有重要调节作用。绍熙五年（1194），常州知州李嘉言疏浚烈塘河，并在入江口置闸。宋淳祐年间（1241—1252），朝廷还在魏村设立忠节水军，额管水军500人。

元朝泰定元年（1324），常州府疏浚各通江河港。

"庆历之元（1041），高阳许君恢，以大理丞治于斯。……自二年冬十月浚申港，凡三十八里，引潮水抵城之西北隅，朝夕再至焉。灶子港去申港三十里，自江口浚之，凡四十里，斜趣县之东北，不与申港合。戚墅港东南去县二十里，自湖口浚之，凡九十里。太湖之舟艑至焉。三港之溉，申港最博。縣三大港之侧，听民自射其便。复引支水，分注运渎、东函等十九小港，以酾其利。长波之所贯，众渠之所杀，变瘠土成腴壤，稽于大浸，畅于四支，最凡溉田万顷。计工二十六万，前后凡三月而罢。役不加扰，众靡告劳。未耨者赖焉，网罟者依焉。明年郡境仍旱，渠田独稔。"（[北宋]胡宿，《晋陵浚渠记》，见《咸淳毗陵志·卷第二十·词翰一》）

"孟渎……国朝庆历三年，令杨玙谕民疏治，复通江流。"（[南宋]《咸淳毗陵志·卷第十五·山水》）

"（元祐初）……浙部水溢，诏赐缗钱二百万以振之。渐（毛渐）言：'数州被害即捐二百万，倘仍岁如之，将何以继？'乃案钱氏有国时故事，起长安堰至盐官，彻清水浦入于海；开无锡莲蓉河，武进庙堂港，常熟疏泾、梅里入大江；又开昆山七耳、茜泾、下张诸浦，东北道吴江，开大盈、顾汇、柘湖，下金山小官浦以入海。自是水不为患。"（《宋史·列传第一百七·毛渐》）

"（淳熙）九年（1182），知常州章冲奏：常州东北曰深港、利港、黄田港、夏港、五斗港，其西曰灶子港、孟渎、泰伯渎、烈塘，江阴之东曰赵港、曰沙港、石头港、陈港、蔡港、私港、令节港，皆古人开导以为溉田无穷之利者也;今所在堙塞,不能灌溉。臣尝讲求其说,抑欲不劳民,不费财,而漕渠旱不干,水不溢,用力省而见功速,可以为悠久之利者,在州之西南曰白鹤溪,自金坛县洮湖而下,今浅狭特七十余里,若用工浚治,则漕渠一带,无干涸之患;其南曰西蠡河,自宜兴太湖而下,止开浚二十余里,若更令深远,则太湖水来,漕渠一百七十余里,可免浚治之扰。至若望亭堰闸,置于唐之至德,而彻于本朝之嘉祐,至元祐七年(1092)复置,未几又毁之。臣谓设此堰闸,有三利焉:阳羡诸溇之水奔趋而下,有以节之,则当潦岁,平江三邑必无下流淫溢之患,一也。自常州至望亭一百三十五里,运河一有所节,则沿河之田,旱岁资以灌溉,二也。每岁冬春之交,重纲及使命往来,多苦浅涸;今启闭以时,足通舟楫,后免车亩灌注之劳,三也。诏令相度开浚。"(《宋史·志第五十·河渠七·东南诸水下》)

"绍熙五年(1194),知常州李嘉言浚烈塘河,置闸。"(《吴中水利全书·卷十·水治·宋》)

"烈塘,在县西十八里,前枕运河,后入大江。绍熙间李守嘉言尝浚,临江置闸,以讥防焉。"([南宋]史能之,《咸淳毗陵志·卷第十五·山水·塘》)

"元泰定元年(1324),常州浚各通江河港。"(《武进、阳湖合志·卷三舆地志三·水利》)

四、大运河以南河道疏浚

北宋淳化三年(992),知州王诜开珥渎。珥渎起于丹阳东南七里桥,东达奔牛,又称七里河。但是,由于种种原因没有成功。宣和二年(1120),两浙提举赵霖修治江港、浦渎工成。役夫兴工,修平江,常州一江、一港四浦、五十八渎。

南宋淳熙九年(1182),为改善大运河水源通道,朝廷下令开浚州城西南白鹤溪浅狭处70余里,开浚州城南西蠡河20余里。庆元元年(1195),武进知县丁大声疏浚后溪。

宋理宗端平年间（1234—1236），金坛乡绅刘宰建议开通古荆溪（今荆城港）上的两个堰（珥村堰和横塘堰），以保持与京杭大运河相通的运粮水道畅通。金坛县派工挖除丹阳县珥渎河上的横塘、珥村两座土坝，并将该河浅段加以浚深，自此成为金坛县运漕干河。该河自金坛城北至荆溪为金坛地界，自荆溪至七里河为丹阳地界，长70里，就是现在的丹金溧漕河北段。该河丹阳段岸高河狭，土质多粉砂，经常淤塞，此后为维持漕运，常由金坛县派工疏浚。

祥兴二年（1279），溧阳新昌厚村里处士谢达，疏浚漳有功，因名谢达漳。宋代溧阳有百步沟用于灌溉，不知开于何时。

"淳化三年（993），知常州王诜开珥渎。"（《吴中水利全书·卷十·水治·宋》）

"北宋淳化三年（993），常州王诜开珥渎。案：渎即七里河也，在丹阳东南七里桥，东达奔牛，为往来间道，今为金坛漕渠。盖彼时诜欲运道由白鹤溪以入京口，就清水以济运耳。事卒无成。"（《武进、阳湖合志·卷三舆地志三》）

"（宣和二年）六月，诏曰：'赵霖兴修水利，能募被水艰食之民，凡役工二百七十八万二千四百有奇，开一江、一港、四浦、五十八渎，已见成绩'"。（《宋史·志第四十九·河渠六·东南诸水上》）

"（淳熙九年，1182）在州之西南曰白鹤溪，自金坛县洮湖而下，今浅狭特七十余里，若用工浚治，则漕渠一带，无干涸之患；其南曰西蠡河，自宜兴太湖而下，止开浚二十余里，若更令深远，则太湖水来，漕渠一百七十余里，可免浚治之扰。……诏令相度开浚。"（《宋史·志第五十·河渠七·东南诸水下》）

"金坛以古荆溪（即今荆城港）为运粮要道，越二堰[曰珥村，曰横塘]乃达诸河。自宋以前，未通纲运也。逮理宗端平中，邑人刘宰建议开堰，以通运河，兼置闸以便启闭，事未果行（见《刘宰复赵守书》），后卒如议，运河之通自此始。河自城北至荆溪，地为金坛。自荆溪至七里河，地为丹阳，水道凡七十里。西则左墓［在珥村西南］、濯缨［即三里岸桥］二港之水为上流。东南则鹤溪［即今渡云桥东流入鹤溪］、钟秀［东南流入钱资荡］及穿城［城南流汇思湖］之水为下流，以雨之多寡为深浅。至横塘上下，地势极高，他水不会，经冬一涸，漕艘不通。岁筑坝于下流之口以壅水，而于横塘二十里内，干则开浚，淤则撩浅，漕运乃济。"（［清］杨景曾修，于枋纂，《乾隆金坛县志·卷之一·水利·运河》）

"庆元元年（1195），知武进县丁大声浚后溪。"（《吴中水利全书·卷十·水治·宋》）

"百丈沟一名百步沟，在溧阳县南三里，源出燕山。相传云此处田多高印，开沟以灌溉，东流合于白云迳，下入太湖。"（［南宋］周应合，《景定建康志·卷十八·山川志三·沟渎》）

第二节　堰闸塘坝

一、运河堰闸

1. 奔牛闸

宋代，武进至丹徒大运河上闸堰经历多次兴废。北宋初年，大运河常州及以西有京口、吕城、奔牛、望亭四堰，均无闸。淳化元年（990），武进尉凌民瞻奏议，为便于控制水位，废除京口、吕城、奔牛、望亭四堰，在望亭置闸，以维持常州、润州之间的运道，效果不好。

宋熙宁年间（1068—1077），在中国云游的日本僧人成寻曾在日记中记述畜力牵引船只翻越奔牛堰之事。"九月八日，到奔牛堰宿，九日天晴，卯时越堰，左右各有辘轳五，以水牛十六头，左右各八头。"设施甚是先进。但是，因养护渐疏，水道常遇干涸，水闸逐渐形同虚设。元祐年间（1086—1094），苏轼慕名到奔牛闸访胜，适遇水枯闸废，一派凋零，慨然作"东来六月井无水，仰看古堰横奔牛"之叹。

元祐四年（1089），润州知州林希上奏朝廷修复吕城堰，并在吕城堰、奔牛堰各置一闸，为上、下闸，以时启闭，却存不住水，又废弃。

绍圣年间（1094—1098），两浙转运判官曾孝蕴以堰不足以时宣泄，请在京口、奔牛易堰为闸，建澳闸以便漕运。朝廷即命曾孝蕴负责兴修润州京口、常州奔牛闸，元符二年（1099）九月完工，是为澳闸。澳闸是有澳的复闸。澳是建在水闸旁边的人工水塘，用以调节船闸供水，以达节约用水的目的。曾孝蕴制定并严格执行了澳闸3日开启1次的制度。

南宋嘉泰二年（1202），赵善防到常州出任权知军州事，嘉泰三年（1203）主持重修奔牛闸，经历春、夏、秋三季，于八月完工，用钱8 000余缗，米500余斛，将原来的木结构全部换成石头。重修后，赵善防请他的舅舅陆游（这时陆游已经八十一岁）作《重修奔牛闸记》。

元代，常州郡城西30里有奔牛坝，青山门外大运河上有青山坝。

"淳化元年（990）二月，诏废润州之京口、吕城，常州之望亭、奔牛四堰。"

"四朝国史志：元祐四年（1089），知润州林希复吕城堰，置上、下闸，以时启闭。四朝史本传：曾孝蕴字处善，公亮从子，绍圣中管干发运司幕佥事，建言扬之瓜州、润之京口、常之奔牛宜易堰为闸，以便漕运商贾，役成，公私便之。"

"四朝国史志：元符二年（1099）九月，润州京口常州奔牛澳闸毕工。先是两浙转运判官曾孝蕴献澳闸利害，因命孝蕴提举兴修，仍相度立启闭日限之法，至是始告成也。"（以上3自然段均见[宋]史弥坚修，卢宪纂，《嘉定镇江志·卷六·地理三·水》）

"（元符）二年（1099）闰九月，润州京口、常州奔牛澳闸毕工。先是，两浙转运判官曾孝蕴献澳闸利害，因命孝蕴提举兴修，仍相度立启闭日限之法。"（《宋史·志第四十九·河渠六·东南诸水上》）

"易闸旁民田以浚两澳，环以堤，上澳九十八亩，下澳百三十二

亩。水多则蓄于两澳,旱则决以注闸。"(《咸淳临安志·卷三九》)

"今知军州事赵侯善防,字若川,以诸王孙来为郡,未满岁,政事为畿内最,考古以验今,约己以便人,裕民以束吏,不以难止,不以毁疑,不以费惧。于是郡之人佥以闸为请,侯慨然是其言。会知武进县丘君寿隽来白事,所陈利病益明。侯既以告于转运使,且亟以其役专畀之丘君。于是凡问前后左右受水之地,悉伐石于小河元山,为无穷计,旧用木者皆易去之。凡用工二万二千,石二千六百,钱以缗计者八千,米以斛计者五百,皆有奇。又为屋以覆闸,皆宏杰牢坚。自鸠材至讫役,阅三时,其成之日,盖嘉泰三年八月乙巳也。"([南宋]陆游,《重修奔牛闸记》,见[南宋]史能之,《咸淳毗陵志·卷第二十·词翰一》)

"元符二年(1099)闰九月,润州京口闸、常州奔牛闸并修筑工成。先是,两浙转运判官曾孝蕴献澳闸利害,因命孝蕴提举兴修,立启闭日限法,至是毕工。盖孝蕴严三日一启之制,复作归水澳,惜水如金也。《镇江志》云,吕城、奔牛诸闸,莫详其始。宋嘉定《修渠志》云,唐漕江淮,设堰置闸。开元中,徙漕路由此。宋淳化元年(990),武进尉凌民瞻奏议,废京口、吕城、奔牛、望亭四堰,又即望亭置闸,而常州守王诜开珥渎河,通常、润餽运道,卒无成功,皆坐免。元祐四年(1089),移筑吕城闸于奔牛,河水顿竭,废之。元符二年(1099),两浙运判曾孝蕴请建奔牛澳闸以便漕运,商贾从之。于是复建,以至于今。案:闸在今奔牛镇,距郡西三十里,旧为堰。沂(溯)堰西行百八十里,历云阳达京口,为运河。地势东倾,以堰不足以时宣泄,因为置闸。考载记丹徒水道,自六朝来,皆通吴、会,《齐地志》可证。古尝于京口、吕城、奔牛为三闸,莫详其始。隋初有诏浚治,则闸在齐梁前已有之。大业之后,闸当与河相为兴废,而志不书。至宋元符、嘉泰始,两书修浚,则缺而不载者夥矣。"([清]《武进、阳湖合志·卷三舆地志三·水利·宋》)

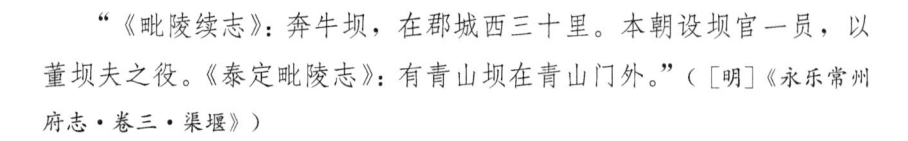

"《毗陵续志》：奔牛坝，在郡城西三十里。本朝设坝官一员，以董坝夫之役。《泰定毗陵志》：有青山坝在青山门外。"（［明］《永乐常州府志·卷三·渠堰》）

2. 烈塘闸

南宋建炎年间（1127—1130），烈塘闸（魏村闸）创置，后堙废。绍熙年间（1190—1194），常州知州李嘉言疏浚烈塘河，又建烈塘闸。

"魏村闸在郡城西北六十里，宋建炎（1127—1130）间创置。元积年毁坏。本朝洪武初重新修建，设闸官、闸夫以掌之。"（［明］《毗陵续志》）（［明］《永乐常州府志·卷三·渠堰》）

"绍熙元年，知常州李嘉言浚烈塘河（德胜河），置闸。"（［清］《武进、阳湖合志·卷三舆地志三·水利》）

二、丘陵塘坝

金坛、溧阳西面近丘陵山区，为农业发展，建有更多的堰、坝以蓄水、通航。

至元十三年（1276），耆宿张桂等建议金坛县官，（运）河南长塘湖北抵珥村堰的一段水路，是县民输粮入城必经水路，但是地势西北高仰、东南低洼，水性趋下，河常浅涸，舟楫胶滞，可以在第四都（乡以下行政单位）大虚观前置坝蓄水，以利通航。官府采纳这一建议，在金坛县南筑坝，称南坝，民以为便。

金坛由筑堰、坝形成的蓄水塘众多。元《至顺镇江府志》记金坛塘44座，其中著名的有万东陂、莲陂。元代，溧阳也有许多堰坝，其中著名的有龙盘堰和王堰。

"南坝。在金坛县南。至元十三年立。至元十三年，耆宿张桂等言本县官，（运）河南长塘湖北抵珥村堰，县民输粮入城必由此路，然地势西北高仰，东南低洼，水性趋下，河常浅涸，舟楫胶滞，相度第四都大虚观前可以置坝，有司从之，民以为便。"（［元］脱因修，俞希鲁纂，《至顺镇江志·卷二·地理·坝》）

"思湖口埭，在金坛县南十八里。溪出思湖口向长塘，深浅不常，故置堰以节之。"（［元］脱因修，俞希鲁纂，《至顺镇江志·卷二·地理·埭》）

"金坛县。万东陂，金坛县东三十五里，《祥符图经》云，陂宜稻，顷收万束，因名（舆地纪胜：在丹徒）。莲陂，在金坛县西北里，宋嘉定中废（舆地纪胜：在县西八里，陂多生莲，因名之）。"（［元］脱因修，俞希鲁纂，《至顺镇江志·卷七·山水·陂》）

"大塘、小塘、路塘、练塘、前塘、时塘、鹤塘、白塘、舍塘、陈塘、强塘、牛塘、羊塘、梁塘、神塘、烈塘、传塘、寺塘、葛塘、上景塘、下景塘、七成塘、小湖塘、大湖塘、天湖塘、寄秧塘、卞莲塘、包围塘、谷备塘、麻泊塘、下陂塘、鱼陂塘、乌陂塘、小云塘、西后塘、仆射塘、白马塘、柘荡、潾塘、官塘二［一在游仙乡，一在三洞乡］，黄塘三［一在金山乡，一在大云乡，一在礼智乡］。"（［元］脱因修，俞希鲁纂，《至顺镇江志·卷七山水·塘》）

"龙盘堰，在溧阳州北六十里檀口桥前，长一十步。王堰，在溧阳州西南二十五里。"（［元］张铉，《至大金陵新志·卷四下·疆域志二·堰埭》）

三、五堰和东西两坝

北宋时，当地贩卖木材的商人因为向东运输木筏受到五堰阻挡，要求官府废去五堰，五堰因此失修，渐渐损坏。每年汛期，太湖地区面临上游暴涨洪水的威胁。约元祐六年（1091）后，朝廷下诏恢复银林五堰，并修筑东坝（因在固城湖以东，故名，后废弃，明代又在此筑下坝），胥溪上游之水受阻不再向东注入太湖，而西行入长江。宣和七年（1125），朝廷又下诏开通此河，以避江险。《宋史·河渠志》记载：是年，朝廷下诏太平州判官卢宗原措

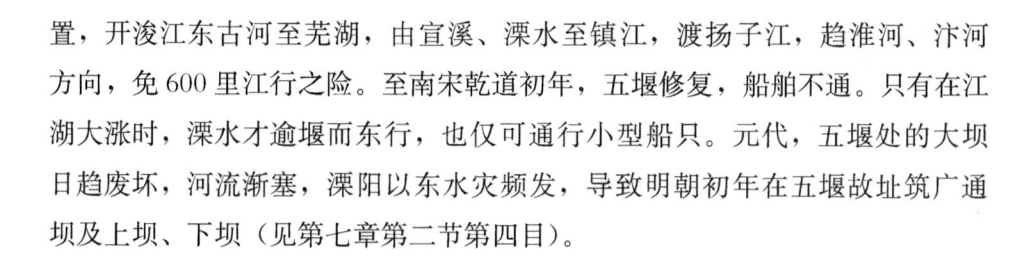

置，开浚江东古河至芜湖，由宣溪、溧水至镇江，渡扬子江，趋淮河、汴河方向，免600里江行之险。至南宋乾道初年，五堰修复，船舶不通。只有在江湖大涨时，溧水才逾堰而东行，也仅可通行小型船只。元代，五堰处的大坝日趋废坏，河流渐塞，溧阳以东水灾频发，导致明朝初年在五堰故址筑广通坝及上坝、下坝（见第七章第二节第四目）。

"由宜兴而西，溧阳县之上有五堰者，古所以节宣、歙、金陵九阳江之众水，由分水、银林二堰，直趋太平州芜湖，后之商人，由宣、歙贩运簰木，东入二浙，以五堰为艰阻，因相为之谋，罔给官中，以废去五堰，五堰既废，则宣、歙、金陵九阳江之水，或遇五六月山水暴涨，则皆入于宜兴之荆溪，由荆溪而入震泽，盖上三州之水，东灌苏、常、湖也。"（[北宋]单锷，《吴中水利书》）

"后之商人贩卖簰木，东入二浙，以五堰为阻，因给官中废去。五堰既废，则宣歙金陵九阳江之水或遇暴涨皆入宜兴之荆溪，由荆溪而入震泽，时元祐六年（1091）也。是时中江尚通，其后东坝既成，中江遂不复东，惟永阳江水入荆溪。谩著其详，以见溧阳亦禹迹之所历云。"（[宋]周应合，《景定建康志·卷十八·山川志二·江湖》）

"（宣和）七年（1124）九月丙子，又诏宗原措置开浚江东古河，白芜湖由宣溪、溧水至镇江，渡扬子，趋淮、汴，免六百里江行之险，并从之。"（《宋史·河渠六·东南诸水上》）

第三节　圩 田 开 垦

一、芙蓉湖圩田

北宋元祐六年（1091），官府在芙蓉湖开堰置闸，在湖滩浅处修筑一批小圩，今芙蓉圩、黄天荡都有围垦，芙蓉湖大规模消失从此时始。宋室南迁后，江南移民剧增，对耕地的需求越来越大，围湖之风日盛，水域面积剧减，但缺乏总体规划。官府为围田的巨大眼前利益所诱惑，政策时禁时松，在围湖造田与还田为湖的矛盾中徘徊，湖区水利系统的蓄泄平衡被破坏，一遇水潦，辄复淹没。南宋咸淳年间，官府曾对这些圩区进行修治，后又湮废。总之，宋元时期数百年间，芙蓉湖是"时湖时田"。

"胡文恭诗云：'小湖香艳战芙蓉，碧叶田田拥钓蓬。岚气欲飞山隔岸，秋光不定水摇空。'岁久湮废，今多成圩矣。"（[南宋]史能之，《咸淳毗陵志·卷十五·山水·湖》）

"芙蓉湖本属巨川，其始之筑岸也，宋元时已间有之。要不过于湖滩高处零筑小圩"。（《芙蓉湖康熙碑》，原碑现立大墩凤阜寺）

"（元祐）六年，治芙蓉湖，为田于欧渎。开五泻堰置闸，架梁其上，以通往来。""旧府志考诸家传记，是湖界于苏、常，至无锡，推之其南当与延祥乡濠湖接，为控长洲之境，东入兴道乡麻塘港，以北为（东）峒、江阴之界，北出与道乡越欧渎，为掩晋陵之城。其西则五泻，水从东流入于湖。如此则南北不下七八十里，东西亦四五十里矣。盖昔之无锡湖即今芙蓉圩也，而在吾邑则为今阳湖丰北、丰南、政成三乡地。昔之射贵湖即今之黄天荡也，亦曰上湖，为今阳湖大宁、丰东两乡地。芙蓉在横山之东，射贵在横山之北，实则以山为界耳！湖自宋元祐间已治为田，咸淳作治之时，又云时久湮废，今皆为圩田，则圩之成田决不在宣德时。但东坝未筑，宣、歙之水时达下流，边湖高亢，尤可成田者则不能也。"（[清]《武进、阳湖合志·卷三舆地志三·水利》）

二、金坛、溧阳圩田

宋代，由于五堰设置，大片平原洼地渐次出水，稍高者，筑成圩田。在宋《景定建康志》的田赋面积中，已有"溧阳，圩田三万一千七百七十六亩二角二十四步"的记载。元代之后，圈圩垦种加剧，且由稍高者推进到较低处。据元《至正金陵新志》记述，溧阳"县内最低处濑阳涂，已多成圩田，仅存一脉"，"官府每岁提调兴修圩岸九百五十一处"。

元朝后期地方志记载，金坛有圩田 350 处，溧阳有 951 处。

"金坛县。围埠三百五十。"（[元]脱因修，俞希鲁纂，《至顺镇江志·卷二·地理·围埠》）

"（集庆路）官府每岁提调兴修总一千六百七十五处，名目不及详载。江宁县二百八十七处，上元县一百三十五处，句容县九十六处，溧水州二百六处，溧阳州九百五十一处。"（[元]张铉，《至大金陵新志·卷四下·疆域志二·堰埭·圩岸》）

第七章

明朝时期

元朝末年，战乱使江南人口锐减，但是北方人口减少更多，故而没有发生大规模人口迁入现象。明朝中后期，当地人口增长，为保证农业生产的稳定发展及漕运的通畅，朝廷在太湖流域坚持上堵下疏的治水方针，持续建设塘坝、堰闸，开浚河道，并实施更大规模的围湖造田，这使得常州宏观水系发生重大改变并基本定型。

与宋元时期相比，明朝廷经常兴办大规模水利工程，多次发起涉及江南（太湖流域）全境的大范围水利活动，《明史·河渠志》记载的大范围水利活动有弘治七年（1494），嘉靖二十四年（1545）、三十八年（1559）、四十二年（1563），隆庆六年（1572），万历八年（1580）、十六年（1588）。

"（弘治）七年，浚南京天、潮二河，备军卫屯田水利。七月命侍郎徐贯与都御史何鉴经理浙西水利。明年四月告成。贯初奉命，奏以主事祝萃自随。萃乘小舟究悉源委。贯乃令苏州通判张旻疏各河港水，潴之大坝。旋开白茆港沙面，乘潮退，决大坝水冲激之，沙泥刷尽。潮水荡激，日益阔深，水达海无阻。又令浙江参政周季麟修嘉兴旧堤三十余里，易之以石，增缮湖州长兴堤岸七十余里……是役也，修浚河、港、泾、渎、湖、塘、陡门、堤岸百十五道，役夫二十余万，祝萃之功多焉。

"（嘉靖）二十四年，浚南京后湖。初，胡体乾按吴，以松江泛溢，进六策：'曰开川，曰浚湖，曰杀上流之势，曰决下流之壅，曰排潮涨之沙，曰立治田之规。'是年，吕光洵按吴，复奏苏、松水利五事……诏悉如议。光洵因请专委巡抚欧阳必进。从之。

"（三十八年）巡抚都御史翁大立言：'东吴水利，自震泽浚源以注江，三江导流以入海，而苏州三十六浦，松江八汇，毗陵十四渎，共以节宣旱涝。近因倭寇冲突，汊港之交，率多钉栅筑堤以为捍御，因致水流停潴，淤浅日积。渠道之间，仰高成阜。且具区湖㳇，并水而居者杂莳茭芦，积泥成荡，民间又多自起圩岸。上流日微，水势日杀。黄浦、娄江之水又为舟师所居，下流亦淤。海潮无力，水利难兴，民田渐硗。宜于吴淞、白茆、七浦等处造成石闸，启闭以时。挑镇江、常州漕河深广，使输挽无阻，公私之利也。'诏可。

"四十二年，给事中张宪臣言：'苏、松、常、嘉、湖五郡水患叠见。请浚支河，通潮水；筑圩岸，御湍流。其白茆港、刘家河、七浦、杨林及凡河渠河荡壅淤沮洳者，悉宜疏导。'帝以江南久苦倭患，民不宜重劳，令酌浚支河而已。

"（万历）八年（1580），（巡按御史林应训）又言：'苏、松诸郡干河支港凡数百，大则泄水入海，次则通湖达江，小则引流灌田。今吴淞江、白茆塘、秀州塘、蒲汇塘、孟渎河、舜河、青旸港俱已告成，支河数十，宜尽开浚。'俱从其请。"（《明史·卷八十八·志第六十四·河渠六·直省水利》）

"（隆庆）六年（1572），修浚苏、松、常、镇四府堰坝田围。"（[清]李兆洛、周仪暲纂，《武进、阳湖合志·卷三舆地志三·水利·明》）

"（万历）十六年（1588），提督水利副使许应逵浚苏、松、常、镇四府河港塘浃。许应逵册报开吴淞江，用银五万八千七百有奇，存贮银四万二百九十两有奇，浚过七浦、杨林湖、川练、祁盐、铁许浦、梅林、鸡鸣、朱昶、走马、光福、凤溪等塘，千墩、道褐、小虞、大石、大瓦、夏驾、徐公、沙湄、都台、艾祁等浦，苏团、鲁堰、青培、长山、宝堰、沙腰、吕浃、萧帝、荫风等河，丁家、张墓、伯浃、油榨、桃花、毛沙、太平、大庙、山北、减水、黄田等港，路漕，华漕沙，共谓销靡工费，徒扰民间，毫无裨益焉。"

（［清］李兆洛、周仪暐纂，《武进、阳湖合志·卷三舆地志三·水利·明》）

第一节 河道开浚

一、大运河

明朝初年，建都应天府（今南京市），洪武十一年（1378）改南京为京师，直属京师的地区为直隶，包括应天府、苏州府、常州府、凤阳府等14个府级单位及4个直隶州。因为京师在南京，漕运可以沿胥溪从东坝进京，又因为受元代海运漕粮的影响，朝廷对大运河的整治方式有所变化。例如，洪武三年（1370），废奔牛堰、闸为坝，常州至镇江的大运河段航运功能减弱（明代称京杭大运河江南段为江南运河）。洪武二十六年（1393），朝廷命崇山侯李新开溧水胭脂河，以通浙江漕运，以免丹阳输挽及大江风涛之险；而江南的漕运仍然经由常、镇运河。洪武年间疏浚沿江河道，均贯彻工省费俭的原则，只能通行轻舟。

永乐十九年（1421）以后，京师转为北京，同时元朝建立的漕粮海运出现许多问题，被朝廷废除，京杭大运河漕运功能恢复，朝廷又大力整治大运河。（参见本章第二节第一目"奔牛闸"）此时，为保证通航、灌溉，官府在江南运河入江口设置水车（应是大型牛力拉动的），在涨潮时给运河灌水，以维持镇江府新港坝至奔牛坝之间运河的水量。

整个明代，常州以西之大运河地势高仰，水浅易泄，盈涸不恒，时浚时壅，为保证通航，经常疏浚，同时疏浚孟渎、烈塘（德胜）两河。《明史·河渠志》记载江南运河疏浚工程有洪武三十一年、天顺元年、弘治十七年、正德十四年、万历元年、万历十七年、崇祯元年；《武进、阳湖合志·水利》记载的疏浚工程有洪武二十七年、洪武三十一年、正统元年、正统九年、景泰二年、天顺三年、弘治十一年、弘治十七年、万历元年、万历三十六年、万历三十八年、万历四十三年、天启六年、崇祯二年。其中，万历元年

(1573)，总河万恭发起常、镇、苏、松四府同时大规模疏浚运河的工程；万历三十八年，常、镇兵备兼水利按察副使臧尔发起疏浚武进县运河，此次疏浚从丁堰镇起至三官堂长321丈，海子口起至孙塘桥长705丈，奔牛巡检司前起至天井闸长205丈；万历四十三年，武进县知县杨所蕴疏浚运河，自新闸起至连江桥长939丈，东沙沟起至奔牛镇长754丈；天启六年，常、镇兵备道水利右参政周颂疏浚运河，自龙舌尖起至东仓闸长980丈，阔6丈，深3尺；崇祯二年，常、镇兵备道水利右参政吴时亮疏浚武进县运河，东仓湾起至龙舌尖长1 165丈，新闸起至连江桥长885丈，东沙沟起至奔牛三官堂长1 480丈。

"自北郭至京口首尾八百余里，皆平流。历嘉而苏，众水所聚，至常州以西，地渐高仰，水浅易泄，盈涸不恒，时浚时壅，往往兼取孟渎、德胜两河，东浮大江，以达扬泰。洪武二十六年尝命崇山侯李新开溧水胭脂河，以通浙漕，免丹阳输挽及大江风涛之险。而三吴之粟，必由常、镇。三十一年浚奔牛、吕城二坝河道。"（《明史·卷八十六·志第六十二·河渠四·运河下》）

"正统元年，廷臣上言：'自新港至奔牛，漕河百五十里，旧有水车卷江潮灌注，通舟溉田。请支官钱置车。'诏可。然三河之入江口，皆自卑而高，其水亦更迭盈缩。八年，武进民请浚德胜及北新河。浙江都司萧华则请浚孟渎。巡抚周忱定议浚两河，而罢北新筑坝。白塔河之大桥闸以时启闭，而常、镇漕河亦疏浚焉。

"景泰间，漕河复淤，遂引漕舟尽由孟渎。三年，御史练纲言：'漕舟从夏港及孟渎出江，逆行三百里，始达瓜洲。德胜直北新，而白塔又与孟渎斜直，由此两岸横渡甚近，宜大疏淤塞。'帝命尚书石璞措置。会有请凿镇江七里港，引金山上流通丹阳，以避孟渎险者。镇江知府林鹗以为迁道多石，坏民田墓多，宜浚京口闸、甘露坝，道里近，功力省。乃从鹗议。浙江参政胡清又欲去新港、奔牛等坝，置石闸以蓄泉。亦从其请。而浚德胜河与凿港之议俱寝。然石闸虽建，蓄水不能多，漕舟仍入孟渎。

"天顺元年，尚宝少卿凌信言，粮艘从镇江里河为便。帝以为然，命粮储河道都御史李秉通七里港口，引江水注之，且浚奔牛、新港之淤。巡抚崔恭又请增置五闸。至成化四年，闸工始成。于是漕舟尽由里河，其入二河者，回空之艘及他舟而已。定制，孟渎河口与瓜、仪诸港俱三年一浚。孟渎宽广不甚淤，里河不久辄涸，则又改从孟渎。

"弘治十七年，部臣复陈夏港、孟渎远浮大江之害，请亟浚京口淤，而引练湖灌之。诏速行。正德二年复开白塔河及江口、大桥、潘家、通江四闸。十四年从督漕都御史臧凤言，浚常州上下里河，漕舟无阻者五十余载。

"万历元年又渐涸，复一浚之。岁贡生许汝愚上言：'国初置四闸：曰京口，曰丹徒，防三江之涸；曰吕城，曰奔牛，防五湖之泄。自丹阳至镇江蓄为湖者三：曰练湖，曰焦子，曰杜墅。岁久，居民侵种，焦、杜二湖俱涸，仅存练湖，犹有侵者。而四闸俱空设矣。请浚三湖故址通漕。'总河傅希挚言：'练湖已浚，而焦子、杜墅源少无益。'其议遂寝。未几，练湖复淤浅。"（《明史·卷八十六·志第六十二·河渠四·运河下》）

"天顺二年，宁王奠培不法，（崔）恭劾之，削其护卫，王稍戢。迁右副都御史，代李秉巡抚苏、松诸府。按部，进耆老言利病，为兴革。与都督徐恭浚仪真漕河，又浚常、镇河，避江险。已，大治吴淞江。"（《明史·崔恭传》）

"（洪武）二十七年，常州府浚运河，是年又浚孟渎。工省费俭，止通轻舟。""（洪武）三十一年，浚奔牛、吕城二坝河道。""正统元年，漕臣上言，自新港至奔牛漕河百五十里，旧有水车卷江潮灌注，通舟溉田，请置官钱置车，诏可。""（正统）九年十二月，疏常州城东运河。""景泰二年正月，浚南直隶常州府运河。时漕河复淤，遂引漕舟尽由孟渎，故浚之。""天顺三年，巡抚崔恭浚镇江漕河，修京口、甘露、吕城、奔牛四闸［时运道艰涩］。""（弘治）十一年，知武进县张伟浚运河……十七年，浚常州运河。""万历元年，总河万恭檄浚常、镇、苏、松四府运河……三十六年，常、镇兵备兼水利右参政蔡献臣浚武进运河。自龙嘴尖至龙河游口，长四百五十七丈。又自红庙头起至北运河口，长四百一丈五尺二寸，阔六丈，深三尺。案：水院之官，皆以道臣加布、按二司衔兼摄，或布政司参政、参议，或按察司副使、佥事，无定秩焉。三十八年，常、镇兵备兼水利按察副使臧尔劝浚武进县运河。丁堰镇起至三官堂，长三百二十一丈。海子口起至孙塘桥，长七百五丈。奔牛巡检司前起至天井闸，长二百五丈七尺。四十三年，武进县知县杨所蕴浚运河。自新闸起至连江桥，长九百三十九丈。东沙沟起至奔牛镇，长七百五十四丈九尺。""（天启）六年，常、镇兵备道水利右参政周颂浚运河。自龙舌尖起至东仓闸，长九百八十丈，阔六丈，深三尺。崇祯二年，常、镇兵备道水利右参政吴时亮浚武进县运河。东仓湾起至龙舌尖，长一千一百六十五丈。新闸起至连江桥，长八百八十五丈。东沙沟起至奔牛三官堂，长一千四百八十丈。"（［清］李兆洛、周仪暐，《武进、阳湖合志·卷三舆地志三·水利·明》）

"宋礼，工部尚书。初，海运告病。永乐中，礼请疏会通河，成而海运遂罢，漕河之利称永赖，实礼之功为第一。"（［明］闻人诠，《南畿志·卷之二·总志·志命官》）

二、城区水道

明朝初年汤和改建缩小常州城，名曰新城。新城较之罗城缩小了五分之三，虽然三城三河、城水相抱的形制没变，但是护城河及城内河道体系仍随着城市形状的变化发生调整。

1. 护城河

明代常州城区最主要的商业区和手工业区，无论是西瀛里还是青山门都紧挨着城河，城河即环抱州城的大运河。在明代新城建立以前，护城河可以分成两个部分，一是城河，即原外子城的护城河，也就是后来的子城河，经白云渡北至北水关而出。一是罗城的护城河，即东面的关河以及南面的城南渠。明代新城建立之后，关河便在城外了。当时的旧城护城河西北隅在今天的芦墅附近，东南隅在今天的舣舟亭附近。取代关河和城南渠成为护城河的便是建造新城时开凿的新城东北濠、新城西北濠和新城东南濠，它们构成了一个环状的河道，总长约6公里，其后被称为市河。

明初汤和镇守常州时，命孙继达浚治城河，此后成化十八年（1482）、正德七年（1512）、万历三十二年（1604）、天启二年（1622），常州多次疏浚护城河。

太祖丁酉年（1357）三月，"丁亥（日），置毗陵翼，以汤和为枢密院同签、总管张赫为元帅守之，命镇抚孙继达浚治城隍。"（《大明太祖高皇帝实录·卷五》）

"其自大龙舌尖折而东南行者，历尉司、德安二桥以至舣舟亭，则为旧城之东南濠，即今运河之绕城者也。其自水门桥历永安桥［俗名小东门桥］、太平桥至罗武坝为旧城之东北濠。其自卧龙桥北行，经河路湾［唐志：旧罗城西濠也，竹木交翠，溪水潆洄，有天然之致］东流合所桥河，至红桥折而东北，入新城西北濠，则旧城西北隅通子城濠者。"（［清］李兆洛、周仪暐，《武进、阳湖合志·卷三·舆地志三·水道·城河》）

"（成化）十八年（1482），知府孙仁浚城濠。""正德七年（1512），治农通判温应璧浚城濠。""（万历）三十二年（1604），知府欧阳东凤浚城濠。自正德间浚后，已九十余年矣。嘉靖间，欲浚治而不果。至是，城河涸甚，西自龙舌尖，北至北水关，仅通微流，故浚。""天启二年（1622），武进县知县李维乔浚城河。长一千四十七丈。"（［清］李兆洛、周仪暐，《武进、阳湖合志·卷三·舆地志三·水利·明》）

2. 南北邗沟

明初城内及护城河的开凿也伴随着旧河的湮没。根据《咸淳毗陵志》记载，城内原有两条水沟，均称邗沟。一是自太平桥（太平寺门前的桥，文笔塔门外，跨江南运河）西环绕城南，首尾俱枕运河，为南脉。一自通吴门内南枕运河，沿关城（即罗城），历太平寺后，出晋陵县治前（今小东门路西段北侧），入新巷永福寺南，汇归斜桥，至虹蜺桥后（中山路中段），与后河合流，为北脉。不过当时便是"南派仅通有流，北派多湮塞"。汤和改筑新城，以邗沟南、北脉分别作为南城墙和东城墙的护城壕。《吴中水利全书》称"新城东南壕即古之邗沟"，清道光《武进、阳湖合志》也曾提到，汤和利用南北邗沟部分河道筑新城，同时阏塞了另一部分河道。到清代，北邗沟仅存虹霓桥（滕公桥，在显子桥东北岸）至杨园数十丈，南邗沟仅存红杏、乌衣二浜数丈。

"至于子城河东之洗马桥、庙沟之中和桥已为通衢，乌龙桥之乌龙浜，新街南之物曲沟、凤凰桥、磨盘桥，久为民廛，即南北邗沟以筑新城而塞阏北邗沟，仅自虹霓桥[俗名滕公桥，在显子桥东北岸]达杨园数十丈耳！南邗沟仅有红杏、乌衣二浜数丈耳！均为古碛所系，皆于水道无关矣。"（[清]李兆洛、周仪昈，《武进、阳湖合志·卷三舆地志三·水道·城河》）

"常州府城外濠有东南、东北、西南、西北之称，盖水各有引注，因区别其名耳。初，漕渠在城内，水纳南水关而出东水关，循城而东掠龙舌尖者曰新城东南濠，即古之邗沟。今筑文成坝，徙运道出城外，水绕龙舌尖而南，迤东转北曰旧城东南濠。又西水关入水一派自西径东者，为子城南濠，再北一道围环府治者为玉带河。子城南濠流及白云尖，西分一支出北水关；一支顺东行至八字尖，屈曲而南会邗沟者为后河。各河天成，潆结江左，郡邑城中流水迎秀聚气，无出其右者。历来守令庸心修溶，岂亦天意使然。"（[明]张国维，《吴中水利全书·卷一·常州府城内水道图说》）

3. 玉带河

明代以前，常州府治前后有内子城濠回环相通，到明代，其东北的河道已经堙没。万历二年（1574），知府施观民开凿玉带河并对内、外子城水系重新疏通和整理。内、外子城水系从西门小水关进入后便分为两段，一往东行，即原来的惠民河，一往北行，经过府学西边惠通桥，折而往东，绕过府学到常州府治背后，即为惠通河。从府学前西侧，惠通河分出一支经状元桥引而东行，过府学桥、永安桥至玉带桥者为惠明横河。施观民从府治后接惠通河，凿而向东，再折往南，过小玉带桥，至玉带桥，与惠明横河相连通，称玉带河。玉带河自玉带桥引而南行，经仁育桥，出小浮桥，最后与惠明河（外子城濠）相合的一段称为惠明直河。如此，常州府治前后又有河道相通，碧水环流，大大有利于交通、治安、生活。施观民开凿玉带河后，又复建龙城书院，不久书院学生无锡孙继皋便高中状元，而施观民和其后任穆炜又均因政绩卓著而荣升。因此，地方上传说玉带河有利官员迁擢、后河有利学子科考。

"万历二年，知府施观民凿玉带河，引府治后水，回环如带。"
（［清］康熙《常州府志·卷之七·水利》）

"万历二年，知府施观民凿玉带河［引府治后水，回环如带，故名］。""（万历）十八年，知府钱守成浚玉带河。［见庄侍郎记中］"
（［清］李兆洛、周仪晫，《武进、阳湖合志·卷三舆地志三·水利·明》）

4. 城区主航道

明代初年，大运河上毗陵驿由城内天禧桥东面西迁至朝京门外，说明运河主航道已经开始转向城南渠。常州新城建立后，大运河在土龙嘴向东南方向分流为三：其一为前河，即原大运河的主航道，由西水关入城；其二为新城南濠（即西兴河，在前河南，今为填平的吊桥路），绕新城南垣外围，向东经过广化门、德安门口的吊桥，北流入东门城河；其三为旧城（宋、元时罗城）南濠，又称南关河，经宋代的罗城南垣，东行再折北，汇入大运河。

明嘉靖年间，因为城内人口增加、水运拥挤，又因为东南沿海"倭乱"，

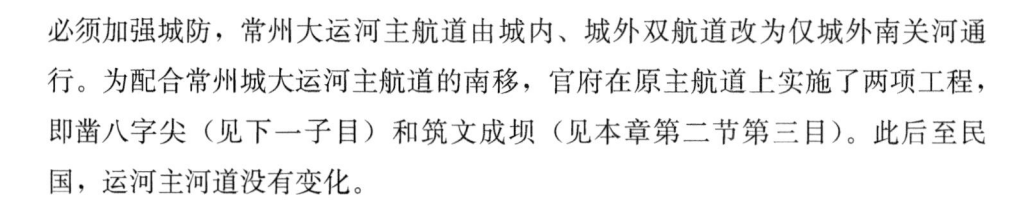

必须加强城防，常州大运河主航道由城内、城外双航道改为仅城外南关河通行。为配合常州城大运河主航道的南移，官府在原主航道上实施了两项工程，即凿八字尖（见下一子目）和筑文成坝（见本章第二节第三目）。此后至民国，运河主河道没有变化。

"洪武初，置毗陵驿，在郡城西门外，设驿丞一员，舡一十只，水夫一百名。"（[明]永乐《常州府志卷七·公署·驿站》）。

"昔年漕河出入东、西两水门，贯城而行，官民之舟昼夜不息。至嘉靖末，倭乱江南，难于防守，始以城南旧濠为运道。既而又筑文成坝，舟行俱从尉司、德安二桥，出东仓侧，至文成坝东，始入运河故道云。"（[明]万历《常州府志·卷二·河渠总说》）

"城河之水皆源于运河，其自大龙舌尖分派入城，进西水门，过天禧桥[俗名驿桥]，经庙沟渡[石渡见《咸淳志》]、雪洞巷口[武阳分界]、新坊桥、元丰桥，合后河出东水门为前河，东行过会龙桥、太平桥[二桥详《运河》]，为明嘉靖以前之漕河，出新河口以合于运河。"（[清]李兆洛、周仪旸，《武进、阳湖合志·卷三舆地志三·水道·城河》）

5. 八字尖

后河在明代的河道也有变化。宋代重又开通的后河东流与前河汇合，两河相交形成一个锐角，形似笔尖，笔尖对着城东门，俗称八字尖。万历八年（1580），知府穆炜根据风水家的建议，配合大运河主航道南移，在后河与前河会合处筑坝去八字尖，使后河河道不按原道向东直行与前河会合，而是南下与前河会合，降低了后河的流速，同时也增加了后河商船航行的难度。

"（万历）八年，知府穆炜浚后河。以形家言凿去八字尖曲勾以合于运河，然去故道不远也。"（[清]李兆洛、周仪旸，《武进、阳湖合志·卷三舆地志三·水利·明》）

三、通江河道

1. 孟渎

洪武二十七年（1394），常州府疏浚孟渎。永乐年间，又大加浚导，极大地方便了百姓和商贩的交通运输，也承担了部分漕运功能。例如，为防漕运拥堵，回程空船就从孟河南下；每年京口浚河，漕运船只就在孟渎北上。洪熙元年（1425），朝廷下诏确定制度，常州孟渎河三年一浚，以保证漕运。成化三年（1467），朝廷又下诏，仪征、瓜洲、孟渎诸处河港三年一浚。弘治八年（1495），水利侍郎徐贯、巡抚朱瑄又疏浚孟渎河。正德十四年（1519），朝廷大规模疏浚常州各处河道，同时用七府丁夫五万四千疏浚孟渎河。

嘉靖年间（1522—1566）闹倭乱，孟渎河口筑坝、筑城防守，未能疏浚，以致断航。倭乱平息后，朝廷又开始大力疏浚沿江河道。万历五年（1577），官府疏浚孟渎，仍于孟渎河口置立石闸，视运河水位情况，适时启闭，给民船、商船、漕运船提供方便。丹阳地方发大水，也可由此排入长江，减轻涝害。

"孟渎河，即古孟渎也，在县西三十里奔牛镇东，南枕运河，北流六十里入于扬子江。永乐间，大加浚导，转输商贩，公私便之。"（[明]闻人诠，《南畿志·卷之二十·郡县志十七·常州府属·区域》）

"永乐间，修练湖堤。即命通政张璡发民丁十万，浚常州孟渎河，又浚兰陵沟，北至孟渎河闸，六千余丈，南至奔牛镇，千二百余丈。已，复浚镇江京口、新港及甘露三港，以达于江。漕舟自奔牛溯京口，水涸则改从孟渎右趋瓜洲，抵白塔，以为常。"

"洪熙元年浚仪真坝河，后定制仪真坝下黄泥滩、直河口二港及瓜洲二港、常州之孟渎河皆三年一浚。"

"宣德六年，从武进民请，疏德胜新河四十里。八年，工竣。漕舟自德胜北入江，直泰兴之北新河。由泰州坝抵扬子湾入漕河，视白塔尤便。于是漕河及孟渎、德胜三河并通，皆可济运矣。"（以上3条引文均见《明史·卷八十六·志第六十二·河渠四·运河下》）

"景泰元年，筑丹阳甘露等坝。二年修玉河东、西堤。浚安定门东城河，永嘉三十六都河，常熟顾新塘，南至当湖，北至扬子江。三年修泰和信丰堤。筑延安、绥德决河，绵州西岔河通江堤岸。浚常熟七浦塘，剑州海子。疏孟渎河滨泾十一。"（《明史·卷八十八·志第六十四·河渠六·直省水利》）

"（洪武）二十七年（1394），常州府……浚孟渎。工省费俭，止通轻舟。"

"永乐四年（1406），诏通政赵居任督浚孟渎。洪武中浚，止通轻舟。至是，孟渎闸官裴让具陈江南漕运之利，且言河自兰陵沟至闸六千三百三十丈，南至奔牛镇一千二百二十丈，年久湮塞，艰于漕运，乞发民疏治。因命右通政张琏发苏、松、常、镇丁夫十万，通政赵居任督率浚导，十昼夜毕工，视旧倍加深广，转输商贾俱便。盖是时三吴水溢，夏忠靖原吉正在江南周视川原，相度机宜，故唐鹤征《河渠总说》谓忠靖合四郡之力以疏吴淞江，取其洩耳！又合四郡之力以凿孟渎，盖取其纳焉，谓此役也。时常州府同知赵泰浚孟渎、得胜二河，作魏村闸，诸所兴作，民无怨劳者，盖泰乃董役之员也。亦见《明史稿》。"

"洪熙元年（1425），诏常州孟渎河定制，三年一浚。"

"成化三年（1467），诏仪真、瓜洲、孟渎诸处河港三年一浚者，冬初兴工。（然所司怠玩，浚不以时）"

"（弘治）八年（1495），水利侍郎徐贯、巡抚朱瑄浚孟渎河。"

"（正德）十四年（1519），浚常州上下里河……由是漕舟无滞者五十余载。盖里河者，腹内之河也，以前系孟渎出江故也。是年复浚孟渎河，仍用七府丁夫五万四千浚之。"

"（嘉靖）二十五年（1546）……知武进县杨巍、治农丞吴文泮重浚孟渎河。"

"（万历）四年（1576），巡按郭思极请浚孟渎，寻代去不果行……案：江浙转漕，永乐时从孟渎入江，逆流而上，至瓜、仪进口。宣德间，平江伯始开通白塔河，横江对渡。或从南新河入北新河，亦横江对渡。正统末及景泰间，漕舟屡梗，始有建议从里河之说。故三河并浚，奔牛复去坝为闸，而烈塘窄，孟渎广阔，虽建闸而蓄水不多，仍由孟渎行走。天顺元年，尚宝少卿凌信言粮艘宜从镇江里河为便，帝以为然，因命粮储都御史李秉开七里港，引江水注之，并浚奔牛、新港之淤。巡抚崔恭又增置五闸。至成化四年，闸工始成，奏废孟渎不用，于是漕舟尽由里河。其入二河者，回空之艘及他舟而已。然定制孟渎河口与瓜、仪诸港，俱三年一浚，孟、牛宽广不甚淤，里河不久辄涸，则又改从孟渎。至嘉靖时开通腹里诸河，始以常、镇运河为漕艘正道，孟渎亦因之而淤矣。"（以上8条引文均见［清］李兆洛、周仪暐，《武进、阳湖合志·卷三舆地志三·水利·明》）

"（嘉靖）六年，浚丹阳至京口驿诸处淤浅，令运船避孟渎风涛之险。""（万历）四年，丹阳一带运道浅阻。议准，挑复练湖上下，并浚孟渎河通江。"（《大明会典·卷之一百九十九·河渠四·水利》）

"孟渎河，在奔牛镇东，南接运河，北入大江。按，孟渎，自奔牛镇河口至江七十里，本为通运捷径，载在《漕志》。每岁京口浚河，舟船俱由此渎。嘉靖中，倭寇内犯，乃于河口筑坝，又于渎口筑城，屯兵戍守，自此河流不通，江潮淤涨，遂为平陆。商民船每遇运船行时，皆由江阴、夏港入内河，然京口至孟渎口仅一百二十里，一潮可达。自孟渎至夏港又一百五十里，非两潮不能至，风波、盗贼极为冒险。近年运期既早，每至冬月，粮塞京口，回南空船，无从内入。万历五年，大加浚凿，仍于渎口置立石闸，视运河之盈涸，以为启闭，商民船只，悉由坦途，与运船分道而行，最为便益，且丹阳水发，由此入江，亦足以杀上流之势也。"（［明］张内蕴、周大韶，《三吴水考·卷五·武进县水道考·运河北水道》）

"（万历）五年（1577），巡按御史林应训疏浚孟渎。"（［清］李兆洛、周仪暐，《武进、阳湖合志·卷三舆地志三·水利·明》）

2. 得胜河

洪武二十四年（1391），武进县疏浚烈塘，河深2丈，宽12丈，改名得胜新河。相传，岳飞在常州战胜金兵，故称得胜，又传朱元璋在常州大败张士诚部，因而名得胜，又名德胜。后因长江北岸泰兴开凿北新河，遂将得胜新河改为南新河，由此入江经北新河抵达扬州最为便捷。得胜河在明清时期承担重要的漕运功能。宣德六年（1431），又疏浚得胜新河，长40里，至宣德八年工竣。漕舟由此河出江，直趋泰兴之北新河，由泰州坝抵扬州入漕河。于是，大运河与孟渎、得胜三河并通漕运。

正统七年（1442），巡抚周忱疏浚得胜河，重修魏村闸。疏浚后，该河长7 020丈，宽12丈，深1丈6尺，魏村闸周围44丈。该工程耗费99.6万人工（劳动日），费用以银计算为1 705两，消耗米4 439石、木1 600章、铁3 300斤以及大量砖、石灰、油膏。工程开始于正统七年二月二日，讫工于八月二十日。是年大旱，第二年暴水，魏村沿河上下40余里因此水利工程而蓄泄有备，未能受灾。

"得胜新河，在县西十八里，旧名烈塘河。宋绍熙间尝浚治置闸。国初重浚，易今名。"（［明］闻人诠，《南畿志·卷之二十·郡县志十七·常州府属·区域》）

"洪武二十四年（1391），武进县浚烈塘。深二丈，广十二丈，改名得胜新河。"

"（宣德六年）浚得胜新河。从武进民之请也。长四十里，至八年工竣。漕舟由此出江，直泰兴之北新河，由泰州坝抵扬子入漕河，视白塔尤便。于是漕河与孟渎、得胜三河并通，皆可济运矣。"（［清］李兆洛、周仪暐，《武进、阳湖合志·卷三舆地志三·水利·明》）

"（正统）七年（1442），巡抚周忱浚得胜新河，重修魏村闸。……河长七千二十丈，广十二丈，深一丈六尺，闸周围四十四丈，役工九十九万六千，费以银计一千七百五两，米四千四百三十九石，木一千六百章，铁三千三百斤，砖石灰、油藁称是。始事于正统七年二月二日，讫工于八月二十日。是年大旱，明年暴水，魏村沿河上下四十余里，蓄泄有备，民以无虞，利之及人者盖如此。"

（［清］李兆洛、周仪晫，《武进、阳湖合志·卷三舆地志三·水利·明》）

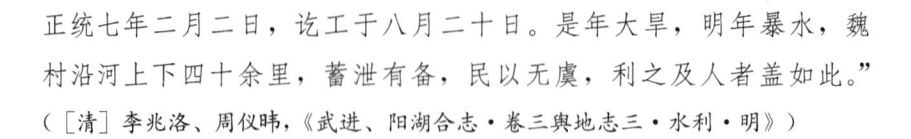

3. 其他通江河道

洪武七年（1374），常州知府孙用组织所属四县的民工疏通藻子港（现藻江河）40多里，并在入江河口设置石闸。洪武二十四年（1391），武进县疏浚申港。洪武二十五年（1392），武进县疏浚剩银河。洪武二十六年（1393），常州知府李德善疏浚舜河。洪武二十八年（1395），武进县浚桃花港。

明成化六年（1470），巡抚邢克宥命有司浚珥渎河（今丹金溧漕河），南至金坛、溧阳、宜兴。据《金坛水利志》记载，弘治七年（1494），由乡宦序班具奏，知府李嵩委托通判温应璧，集大宁等六乡、江阴等四乡人力开浚城河、新沟港。所有这些工程均改善了通航和抗洪条件，也满足了农田灌溉的需要。

正德七年（1512），常州府治农通判温应璧疏浚城濠，复浚新沟港（即舜河）。

嘉靖二年（1523），常州府开所有河渎以泄运河水于扬子江（涉及宜兴、武进、江阴、无锡许多河道）；四年，继续疏浚各地河港，开闸；六年，苏州卫指挥朱起督浚舜河；十五年，江阴知县徐祯浚利港、桃花港；二十四年，武进治农县丞吴文泮督浚各乡诸支河，并疏浚澡港以溉武进，浚臧村以溉金坛；二十六年，浚申港；二十八年，浚九曲河（在大宁乡）。

隆庆二年（1568），武进县治农县丞王嘉鱼督浚申港。

万历八年（1580），武进县与江阴县同出夫役疏浚利港；十二年（1584），武进知县徐图浚申港武进段，江阴未能参与疏浚，而武进浚之过深，不久即湮塞。

"《毗陵续志》：藻子港。在郡城北魏村之东，长四十余里，岁久淤塞。洪武甲寅（1374）秋，知府孙用具图陈议于省部，获命以四县夫役开浚，舟楫得以流通，田畴足以灌溉。复虑潮汐往来，沙泥

涨塞，置石闸一所，额设闸夫十名，以寻启闭之役。"（［明］永乐《常州府志·卷五·山川》）

"（洪武）七年，孙用浚澡子港，置闸（孙用具图陈议，以四县丁夫开浚临江置闸）。"（［明］张国维，《吴中水利全书·卷十·水治·明》）

"（洪武）七年，常州府孙用浚澡子港，置闸。"

"（洪武）二十四年，武进县浚烈塘。深二丈，广十二丈，改名得胜新河。是年，浚申港。"

"（洪武）二十五年，武进县疏剩银河，置闸。［置闸于临江处。陈志：自嘉靖迄万历，凡三浚］。"

"（洪武）二十六年，知府李德善疏浚舜河。"

"（洪武）二十八年（1395），（武进县）浚桃花港。"

"（弘治）六年（1493），水利侍郎徐贯浚申港、利港、桃花港。……盖三港皆郡东北宣泄要渠，故嘉、隆间屡浚，万历八年（1580）复合江阴同浚焉。"

"（弘治）七年（1494），常州府治农通判温应璧浚舜河。从邑人汤沐之请也。以武进大宁等六乡、江阴良信等四乡浚之。"（以上8条引文均见［清］李兆洛、周仪㬢，《武进、阳湖合志·卷三舆地志三·水利·明》）

"（弘治）七年（1494），工部侍郎徐贯浚申港、利港、桃花港于江阴、武进之交，因六年三吴水溢，巡抚都御史何鉴驿闻诏工部侍郎徐贯来视便宜处治，本府通判姚文灏建议斗门闭塞、水无所归，故逆行为灾，乃发丁男五万北治申港、利港、桃花港于江阴、武进之交。"（［清］康熙《常州府志·卷之七·水利·明》）

"弘治七年（1494）……开常州府百渎，泄荆溪之水，自西北入于太湖。开各斗门，泄运河之水，由江阴县以入于江。"（《大明会典·卷之一百九十九·河渠四·水利》）

"（正德）六年（1511），提督浙直水利都察院右佥都御史俞谏，浚江阴县河港。［俞谏命通判温应璧、县丞黄霆浚利港。七年，应璧

复浚新沟港，知县王鉼浚九里河及冯泾河］"（［明］张国维，《吴中水利全书·卷十·水治·明》）

"正德七年（1512），治农通判温应璧浚城濠，复浚新沟港（即舜河）。"（［清］李兆洛、周仪晫，《武进、阳湖合志·卷三舆地志三·水利·明》）

"利港，在县西五十里，自武进界鬼泾口东北二十五里入于江。弘治癸丑（1493）浚申、利、桃花三港，利港为最力。嘉靖丙申（1526）复与桃花港同浚。"（［明］闻人铨，《南畿志·卷之二十·郡县志十七·区域》）

"嘉靖二年（1523），开常州河渎以泄运河水于扬子江。四年，浚常州府河港，开闸。六年，苏州卫指挥朱起督浚舜河。十五年，知江阴县徐祯浚利港、桃花港。二十四年……武进治农县丞吴文泮督浚各乡诸支河，并浚澡港以溉武进……二十六年，浚申港。二十八年，浚九曲河（在大宁乡）。"（［清］李兆洛、周仪晫，《武进、阳湖合志·卷三舆地志三·水利·明》）

"隆庆二年（1568），治农县丞王嘉鱼督浚申港。"（［清］李兆洛、周仪晫，《武进、阳湖合志·卷三舆地志三·水利·明》）

"（嘉靖）二十四年题准浚臧村以溉金坛，澡港以溉武进，艾祁通波以溉青浦，顾浦吴塘以溉嘉定。又浚大瓦等浦以溉昆山之东，许浦等塘以溉常熟之北。凡冈垄支河湮塞不治者，皆浚之深广，使复其旧。"（《大明会典·卷之一百九十九·河渠四·水利》）

"（万历）八年，浚利港，合江阴人夫疏浚。"（［清］康熙《常州府志·卷之七·水利》）

"（万历）十二年，知武进县徐图浚申港。江阴未能会浚，武进浚之过深，不久即湮。"（［清］李兆洛、周仪晫，《武进、阳湖合志·卷三舆地志三·水利·明》）

四、大运河以南河道

明洪武二十五年（1392），朝廷疏浚中江下游的河道（见《吴中水利全书》）；二十六年（1393），胥溪河（南河）疏浚；二十八年（1395），武进县凿太平河；弘治十四年（1501），又浚太平河30余里。正德八年（1513），知府李嵩、治农通判温应璧疏浚南运河。

万历七年，直浜（今扁担河北段，在奔牛镇东，南通白鹤溪）疏浚，标准同大运河。万历八年（1580），常州知府穆炜督令通浚各乡支港，主要动员民间力量疏浚，官府补贴粮食；不同辖地共有河道者，通过协商，合作疏浚；工程结束后编纂水利图册，为以后的水利工程保存资料。万历十六年，提督水利副使许应逵疏浚苏、松、常、镇四府许多河港塘溇，但是这次工程效果不好，大家认为劳民伤财。

明万历十七年（1589），溧阳县在黄山湖以南，沿盘白山浚河，为大溪河。浚河之土累而成堤，为大溪埂，自下瓦滩大石坝始，至沈笪桥止，埂形数里一湾，绵亘10余里，高5丈余，阔2~3丈不等。大溪河、埂在县西南，陆程距城32里，水程距城63里。

万历年间，金坛知县李宏纲开凿荫风河，该河在县东南二区洮湖北首，由方洛港下经五叶村，邑人王樵有记。同年，武进县的南运河淤浅，有人提议发起武进、宜兴18万人疏浚，当地各级官员面对如此工程，都十分畏惧。常州知府刘广生知道该工程无法实施，仍然采用筑坝车灌的办法，使用役夫不到千人，花半个多月时间，使河里有水通航，民众感到很方便。但是，这种做法只是权宜之计，不能持久，而且每年枯水季节都要劳民，总计费用并不少。于是，到崇祯四年（1631），常镇兵备兼水利右参议兼佥事吴麟瑞疏浚南运河，自谈家场起至下田桥，共长2313丈。

丹金溧漕河丹阳段岸高河狭，又多流沙，经常淤塞，为维持漕运，朝廷经常进行大规模疏浚，金坛县常派工参加。崇祯五年（1632）十月，金坛知县柯友桂组织开浚丹金溧漕河北水关至丹阳七里桥段，民得休息数年。

"（洪武）二十八年（1395），武进县凿太平河。"

"（弘治）十四年（1501），浚太平河，从太平民王正之请也，共三十余里。是年，革苏、松、常、镇四府导河夫役。初，管河工部主事姚文灏奏于四府每岁均徭外，令民纳催役银以备治水之用，谓之导河夫。其后官吏因之侵刻，民甚病之。至是，巡抚都御史彭礼以为言，命革之。"（以上2条引文见[清]李兆洛、周仪旸，《武进、阳湖合志·卷三舆地志三·水利·明》）

"（正统九年），浚杞县牛墓冈旧河，武进太平、永兴二河。"（《明史·卷八十八·志第六十四·河渠六·直省水利》）

"（正德）八年（1513），知府李嵩、治农通判温应璧浚南运河。"

"（万历）七年，浚直浥，深广与漕渠等。"

"是年（万历八年，1580），知府穆炜督令通浚各乡支港。或劝谕民间自浚，或酌给米谷而浚，与邻壤接者，则会同以浚，复详著水利图册以贻后，其惠爱斯民者至矣。"

"（崇祯）四年（陈志作五年），常、镇兵备兼水利右参议兼佥事吴麟瑞浚武进县南运河。自谈家场起至下田桥，长二千三百一十三丈。陈志：南运河西滨滆湖，为宜兴、溧阳漕渠，每遇浅涸，利在车灌，比之挑浚，力少功倍。郡人唐太常有言，万历间，南河胶浅，议起武、宜人夫十八万浚之，抚按已有定责，人心皇皇，如纳陷阱。郡守刘广生知其故，仍用筑坝车灌之法，夫不千人，役不再旬，运舟晏然迁衽席之上，民甚便之。案：车水济运乃一时权宜之计，岂经久之道哉？况岁岁劳民，费亦不赀，习以为常，徒饱吏胥，终归无益，是在实心任事者之先事筹画耳！"（以上3条引文均见[清]李兆洛、周仪旸，《武进、阳湖合志·卷三舆地志三·水利·明》）

"大溪河埂在县西南，筑于明万历十七年，陆程距城三十二里，水程距城六十三里，南为盘白山，北为黄山湖。缘湖以南，沿山浚河，为大溪河，以浚河之土累而成堤，为大溪埂，自下瓦滩大石坝始，至沈箮桥止，埂形数里一湾，绵亘十余里，高五丈余，阔三丈二丈不等，凡西面共七坝，东面共十三坝。大溪源出伍牙山，以受南山四十八涧水而合于盘白山，歧为二支，一西南流，一东南流，并入于溪。县东北明西以下，利害所系，其始淫雨激湍，泛滥为灾，近湖数十里几无田畴村落。埂既成，湖内垦田八千余亩，南乡高田亦资灌溉，盖溪西流折而北，途纡而势杀，故不为灾云。道光二十一年、二十九年等埂毁二三丈，西北复为泽国。兵燹后，悍流冲击，桩石半损。光绪己丑，邑人绘图贴说，上之大吏，以费钜，不果行。"（[清]光绪《溧阳县续志·卷三·河渠志·水利·塘遏》）

"荫风河，在县东南二区洮湖北首，由方洛港下经五叶村。万历中，知县李宏纲开凿，邑人王樵有记。久而淤塞，康熙中，冯钦倡力开通；雍正三年，子士琦重浚。"（[清]乾隆《金坛县志·卷之一·舆地志·山川》

"怀宗崇祯五年（1632），知县柯友桂浚河（今丹金溧漕河，金坛古荆溪，乾隆时称荆城港）深广，民得休息者数年。"（[清]乾隆《金坛县志·卷之一·水利·运河》）

第二节 堰闸塘坝

明代，各地大力修筑堰闸、堤坝、陂塘。明永乐元年（1403），胥溪复建上坝（东坝），后又增建下坝，自此江湖水道隔绝。

一、堰闸

由于水利工程技术提高，河道上的堰坝大量改建为闸。在京杭大运河和各通江河道上，为节制水位，疏通航道，维持灌溉，除改造原有的水闸外，还兴建一批新的闸。明《万历常州府志》记载，当时常州府范围内较大的闸有奔牛闸、新闸、魏村闸、孟河闸、圩塘闸、小河闸、芦埠闸、双庙闸、王大闸、永安闸。光绪《武进、阳湖县志》明确记载，在明朝建造的闸，武进县（含城区）

有奔牛闸（先废又重建）、闸河闸（明万历间建）、山下岸闸（又名兴隆闸，明万历十八年建）、黄天荡圩闸；在明代建造的坝有毛公坝（明万历三十六年建）、文成坝（明万历九年知府穆炜建，二十九年知府周一梧、知县晏文辉重修）。明代金坛有名的闸、坝有杨树圩闸（后称兆歧圩，明初建）、薛埠新河坝、三汊河坝（皆明穆宗隆庆间建），义成闸、广泽闸（在后来的长兴圩区和下鲍塘圩）、都圩埠闸（在后来的大荡圩）等；溧阳有名的闸、坝有界河闸（明万历天启间建）、杨溪闸（明嘉靖八年建）、皇甫圩二十四闸（万历二十六年建）、五里桥闸（明万历十七年建）、水利闸（明末建）、大溪河堙（沿河堙筑坝，筑于明万历十七年）。明末，武进县怀北乡跨运河的新闸废弃。

"其闸有奔牛闸［旧为堰，有上下二闸，洪武初闸废更为坝。天顺甲戌巡抚都御史建议修复下闸；成化都御史邢宥、知府卓天锡复议修上闸并以坝官领之。盖丹阳练湖之水分流南北，北出京口，南下奔牛，每岁冬月，京口、奔牛两闸皆闭，所以蓄水济漕也］、新闸［宋陆游闸记别载］、魏村闸、孟河闸［在孤城山西，洪武二十九年建，正统、正德间重修，嘉靖间筑孟河城再修］、圩塘闸［在藻港口］、小河闸［在小河巡司北］、芦埠闸［跨芦埠港］、双庙闸［在芙蓉圩堤，居民刘润造］、王大闸［跨白麻塘］、永安闸［跨网头河］。"（［明］，《万历常州府志·卷之二·武进县境图说》）

"转水墩，在新闸，江水直下，闸以蓄之，无分流则过急，即奔牛设南北月河之意，故设墩以分水势，上建大悲阁。今墩在田中，闸废故耳。""闸河闸，在西路墅村东，地故高埠，沟池皆浅小，不足以赡农田，每逢旱暵，灌溉为难。前明万历间建，设此闸藉以注蓄水，利攸赖焉。""山下岸闸［明万历十八年里人顾世登建］、毛公坝［明万历三十六年顾世登奉文给谷以筑］。"（［清］李兆洛、周仪晫，《武进、阳湖合志·卷三舆地志三·桥梁闸坝附》）

"杨树圩闸，在县北十三里，运河官载渡之南；圩内芦埠、沟潴纵横，远抵丹阳界，绕圩粮田万顷，明初建闸。闸北赵岐闸，南郑庄协司启闭,康熙五十二年闸倒堤坏;雍正十三年,奉旨田亩加捐,大兴水利,知县朱元丰准赵岐、于福珍、郑庄、祁紫绶等请重建闸,估工料银二百六十七两零,申详各宪,准给捐项;乾隆二年,赵岐、倪洪嘏等领帑重建于旧闸址南三十七丈土厚之地;其修筑圩堤,南北仍永遵旧闸基为界,堤薪照界分采,旱涝有备。""薛埠新河坝、三汊河坝,在县西南四十里,明穆宗隆庆间,包姓于新河建闸积水以防盗;杨姓于三汊河等处建闸蓄水以防旱,每年三月十八日闭闸,八月后开闸;年久,闸北改筑土坝,一如旧制,启闭以时,地方田亩实收其利。"([清]光绪《金坛县志·卷之一·舆地志·水利》)

"在县西北距三十五里曰界河闸,地有南北两圩,河居中为界,东近前马荡,西接扁担河,常苦旱潦。明万历初,孙、张诸姓以控应天府张某官给库银并计亩出资,建东西两石闸,以时宣泄。后因修费难继,塞西闸而止存一溜,独修东闸,又议更新束小之,于民不便。国朝康熙八年,知县徐一经履勘,欲勒石而未果[旧县志云,勒石以杜纷更];五十六年,诸闸首倡议重修。距五十里曰杨溪闸,西北受上兴步水;明嘉靖八年工部尚书某奏准建闸以资灌溉,官限四月闭,八月启。崇祯间,荐饥民贫,闸失修几圮。国朝康熙十年,里人陈瑞卿、芮嗣善等闻于官,知县杨应标详准委筑,完固如初。六十年重修,勒石纪事[据康熙六十年碑]。距五十里曰秀才坝,距五十二里曰西歧坝,距五十五里曰东文大坝,俱属永太区。在县北者距二十余里曰皇甫圩二十四闸,详见《水利总说》。距六十里曰官塘坝,曰盘龙堰,建康志作龙盘堰云,在檀口桥前,长一十步,口应石字之误也,详见桥下。"([清]嘉庆《溧阳县志·卷五·河渠志·塘遏》)

"五里桥闸,南达黄山湖,北达南渡大河桥下,视水消长为启闭,与大溪河埂同时建。水利闸在永泰葛家村东,明末诸生葛日新建,递年修筑,完固如初。""大溪河埂在县西南,筑于明万历十七年,陆程距城三十二里,水程距城六十三里,南为盘白山,北为黄山湖。缘湖以南，沿山浚河，为大溪河，以浚河之土累而成堤，为大溪埂，自下瓦滩大石坝始，至沈笪桥止，埂形数里一湾，绵亘十余里，高五丈余，阔三丈二丈不等，凡西面共七坝，东面共十三坝。大溪源出伍牙山以受南山四十八洞水，而合于盘白山，歧为二支，一西南流，一东南流，并入于溪。县东北明西以下，利害所系，其始淫雨激湍泛滥为灾，近湖数十里几无田畴村落。埂既成，湖内垦田八千余亩，南乡高田亦资灌溉，盖溪西流折而北，途纡而势杀，故不为灾云。道光二十一年、二十九年等埂毁二三丈，西北复为泽国。兵燹后，悍流冲击，桩石半损。光绪己丑，邑人绘图贴说，上之大吏，以费钜，不果行。"（[清]光绪《溧阳县续志·卷三·河渠志·水利·塘遏》）

1. 奔牛闸

明朝初年，因都城在京师（南京），常州至镇江的漕运航道重要性下降。洪武三年（1370），改奔牛的上、下两闸为坝。正统初年（1436），巡抚周忱经理漕粮运道，武进奔牛、吕城都设坝闸，漕舟由京口出江，最为便利。至景泰年间（1450—1457），坝闸渐颓，水道淤浅。有人提议大运河从蔡泾、孟渎出江北上，因受海潮影响，漕舟多覆溺。天顺年间（1457—1464），巡抚崔恭奏请仍按照周忱的做法，在常州至京口之间修建设置5座闸，恢复了原先的水路，其中最东边的是奔牛下闸；成化四年（1468），都御史邢克宥又重建奔牛上闸。明代的奔牛、吕城二闸皆建有月河以辅助水位调节及船只通行，其中奔牛闸之南有月河两条，后来又都废圮。

"洪武三年，常州府知府孙用重建烈塘闸［改名魏村］，治奔牛坝［奔牛旧为堰，有上下二闸，至是废闸更为坝］。"（[明]张国维，《吴中水利全书·卷十·水治·明》）

"洪武三年，诏苏、松、常、镇沿江海口闸置官一员。每闸役夫三十名，以司启闭。是年，废奔牛堰为坝。奔牛旧置堰设闸，至是废为坝。案：是时，都于建业，粮运以东坝以达故也。"（[清]李兆洛、

周仪暐，《武进、阳湖合志·卷三舆地志三·水利·明》）

"先是，正统初，巡抚周忱经理运道，武进奔牛、吕城设为坝闸，俾漕舟由京口出江，最称便利。迨景泰间，坝闸渐颓，水道淤浅。有议从蔡泾、孟渎出江者，因迫海洋，漕舟多覆溺。天顺间，巡抚崔恭奏请从周忱故道，增置五闸。至是成之。"（［清］谷应泰，《明史纪事本末·卷之二十四》）

"（成化）四年（1468），巡抚右佥都御史邢克宥（宽）、常州府知府卓天锡修复奔牛上闸，并以坝官领之。……《史记》载丹徒水道，隋初有诏浚治，则此闸齐梁前已有之矣。自大业后，此闸当与河相为废兴。元符、嘉泰两书修复。洪武乙酉间闸废后，更导支流，东北出于堰为坝，自是运河不复通，重载漕舟多出孟渎河济江。天顺间，冢宰崔公克让巡抚江南，请复建闸，营度得宜，委畀得人。五闸告成，其在常境者，奔牛下闸是也。成化戊子，都御史邢公克宥来继，谓奔牛犹有上闸，遗址尚存，盖亦修建，互为启闭。遂以其事付之常守卓君天锡，而以武进邑丞宋瑛董役事，给费以公帑，役民以农隙。……今闸坝两存，春秋水溢则由闸，秋冬水涸则出坝，坝可潴而闸无壅也。"（［清］李兆洛、周仪暐，《武进、阳湖合志·卷三舆地志三·水利·明》）

"又西，直渎水入之，又西为奔牛、吕城二闸，常、镇界其中，皆有月河以佐节宣，后并废。"（《明史·卷八十六·志第六十二·河渠四·运河下》）

2. 孟河闸

明代孟河承担更多的漕运功能，孟河闸多次修建。

"（洪武）二十九年（1395），武进县建孟河闸。""（宣德）九年（1434），巡抚周忱建孟渎闸。""（正统）六年（1441），武进县重修孟河闸。"（［清］李兆洛、周仪暐，《武进、阳湖合志·卷三舆地志三·水利·明》）

"孟河闸，正德间（1506—1521）重修，嘉靖间筑孟城河再修。"（［清］李兆洛、周仪晫，《武进、阳湖合志·卷三舆地志三·桥梁闸坝附》）

3. 烈塘闸（魏村闸）

洪武三年（1370），常州知府孙用重新修建烈塘闸，改名魏村闸，正统七年（1442）、成化五年（1469）、嘉靖二十五年（1546）、万历六年（1578）多次重修。

"洪武三年……常州府孙用重建烈塘闸，改名魏村。村古魏浦也，闸跨河达江处。宋李嘉言建。元毁，至是复建。""（正统）七年（1442），巡抚周忱浚得胜河，重修魏村闸。""（成化）五年（1469），知府卓天锡、通判魏仪修魏村闸。""（嘉靖）二十五年（1546），知武进县李昼修魏村闸。""（万历）六年（1578），重修魏村闸。"（［清］李兆洛、周仪晫，《武进、阳湖合志·卷三舆地志三·水利·明》）

4. 狮子闸

明洪武七年（1374），浚澡子港（澡港河），置狮子闸，后名圩塘闸。

"（洪武）七年，孙用浚澡子港，置闸［孙用具图陈议，以四县丁夫开浚临江置闸］。"（［明］张国维，《吴中水利全书·卷十·水治·明》）

"明洪武七年（1374），常州府孙用浚澡子港（澡港河），置闸（原名狮子闸，现名圩塘闸）。用具图陈议，以四县丁夫浚临江，置闸，以圩塘巡检兼领。二十三年罢，后复置澡江巡检。"（［清］李兆洛、周仪晫，《武进、阳湖合志·卷三舆地志三·水利·明》）

5. 剩银河闸

明洪武二十五年（1392），武进县设置剩银河闸并置官员管理，至永乐九年（1411）湮废。官府经考察认为此河不是通江要道，废弃此闸并撤销管理官员。

"（洪武）二十五年，武进县疏剩银河，置闸。置闸于临江处。（陈志：自嘉靖迄万历，凡三浚。）"（[清]李兆洛、周仪暐，《武进、阳湖合志·卷三舆地志三·水利·明》）

"（洪武）三十五年十一月，修武进县剩银河闸。"（[清]李兆洛、周仪暐，《武进、阳湖合志·卷三舆地志三·水利·明》）

"（永乐）九年，废剩银河闸。时河已湮塞，闸官傅文达闻于上，遣官覆视，谓别开孟渎，此非要道，闸与官俱废。"（[清]李兆洛、周仪暐，《武进、阳湖合志·卷三舆地志三·水利·明》）

6. 丹金漕河四闸

明万历四年（1576），巡抚宋仪望欲省筑坝撩浅之费，于丹阳七里桥、金坛岸头桥、庄家棚（城南九里村附近）、三河口（即二里桥处），筑4座闸以抬高丹金漕河水位，因下游各闸阻碍洪水下泄，造成金坛以北低田受淹，不久各闸俱废。

"明神宗万历四年，巡抚都御史宋仪望建议置闸于七里桥、岸头桥、庄家溆、三河口，欲省筑坝撩浅之费，众议佥（皆）同，遂建闸。其后以岸头隔运河十五里，自闸而上，诸水环聚其中。庄家溆隔运河三里，冬则不足于停蓄，夏则闸口狭小阻碍下流，城北二十里之低田，有时淹没，不如筑坝于下流之口为便，诸闸遂废。……康熙三十二年，知县贾瑚毁七里桥，仍置闸。康熙四十年，知县胡天授捐俸疏筑，民至今德之。雍正十二年大水，漕舻直至城下，前所未有。岁久运道日狭，筑坝撩浅，疲于奔役，是在为国计者之筹画焉。"（[清]乾隆《金坛县志·卷之一·水利·运河》）

7. 新闸

明代，新闸依然存在，按明万历三十三年（1605）《武进县志》地图，新闸还建有用于通航的月河。

二、陂塘

明《万历常州府志》记载，"武进县高乡陂塘沟渠不下千数。"金坛地方志记载明确为明朝建成的有东塘、西塘等（均详见第九章第二节第二目《光绪金坛县志》引文）。溧阳地方志记载明确为明朝建成的有歌岐坝（万历天启间建）、百丈沟坝（弘治年间建）、迎仙堤（隆庆元年建）。

明代弘治年间（1488—1505），溧阳县令杨荣开浚百丈沟800余丈，储水灌溉。明嘉靖二十三年（1544），史际兴工开挖方塘，位于今泓口乡西北。明代溧阳方里村本是一片芦苇荡沼泽荒地，名叫沙涨荡。当时，溧阳连年饥荒。退休回到溧阳的吏部主事史际看到百姓挨饿，便想到了以工代赈的办法，捐谷7 600石，在沙涨荡开挖河道，建成田地400多亩，旁有水面400多亩，称救荒塘，蓄水灌田4 000余亩。现方里村的"同"字河就是当时开挖的。

"国家漕计特重诸乡旱潦实系之此，各支河之通塞启开不可不讲也。考邑地形西北高、东南下。高田苦无水，利在蓄之使合，多为陂塘，厚储深蓄，勿使泄而溢之外。低田苦多水，利在导之使分，多为圩堰，渠穿股引，无使溃而人于内。本县高乡陂塘沟渠不下千数，低乡圩堰数亦相当。诚使陂塘时浚深阔，小旱足供车挽，小有霖潦亦足蓄贮，上水既留，下水自少。故论一邑之水利者当以治西北为先，而论东南之水患者尤当以治西北为要。"《［明］，《万历常州府志·卷之二·武进县境图说》》

"百丈沟。（县）南五里，一名百步沟，源出燕山，东流入白云溪。旧有坝三十四处，储水以灌高源，久湮淤。弘治初，县令杨荣开浚八百余丈，中存九坝，灌溉不竭云。"（［清］高得贵修，朱霖等增纂，《乾隆镇江府志（一）·卷之三·山川下·溧阳诸水》）

"在县北者距十里曰沙涨溽，一名溽塘［案：救荒溽，人力所开，且非通川所迳，故又有溽塘之目］；明嘉靖间，吏部主事史际所开，以工代赈，重堤复沼，灌溉一方。邑中水利之役莫大于是。""堰遏之属在县东者，距十里曰歌岐坝［旧县志作戈旗坝］，建自前明万历、天启间。国初坝圮，康熙间知县韩先格重建。越六七年，民以为不便，知县何惟澡复开之。在县南者距五里曰百丈沟坝，旧有坝三十四，所储水以灌高原，岁久淤塞。弘治初，知县杨荣开浚八百余丈，中存九坝，灌溉不竭云。距八里曰迎仙堤，扼南山之水，使东注黄墟荡，明隆庆元年潘温建。在县西南者距二十五里曰王堰，距三十里曰大石坝，在得随区下马滩，旧有此，嘉庆十一年重修。"
（［清］嘉庆《溧阳县志·卷五·河渠志·塘遏》）

三、文成坝、罗武坝

明万历九年（1581），时任知府穆炜于太平桥东筑起两坝，曰文成坝，坝堵前河，另凿新河，改道飞虹桥，绕舣舟亭东流，使之西与南运河接通，东出水门桥，径直通往无锡水道。浚河所掘土运至东西两端筑堤坝。明万历年间，唐鹤征曾在《武进县志》记载："万历二十九年（1601），知府周一梧，知县晏文辉命民以土代赎锾，实两坝间，建文昌阁并官厅、观音殿、关王阁于其上。"

从宋到明，经过许多代人的努力，常州基本形成"外有文成坝障水于下流，内有八字桥锁水于东隅，又有玉带河环通府治，再有漕河贯穿其间"的运河水系。

"（万历）九年，知府穆炜凿新河。旧运河水入城直泻，形家言法当横流以障之，故凿新河，筑二坝堵旧河，使水从水平桥入运河。万历二十九年，知府周一梧、知县晏文辉垒土实之，建殿阁于其上，名曰文成里。"（［清］李兆洛、周仪暐，《武进、阳湖合志·卷三舆地志三·水利·明》）

四、上坝和下坝

明朝初年，朱元璋认为，溧阳乃至苏、常、湖一带年成的丰饶歉收，直接关系到皇家粮仓的盈亏,而且苏浙漕粮从东坝入京城,可避长江之险。明洪武二十五年(1392),朝廷在东坝故址筑广通坝(此地原有广通镇),并建石闸启闭,以均势节制五堰之水,涝时可阻水,平时可通航。洪武二十七年(1394),广通坝设军事治安性质的巡检司广通镇官署。

清《嘉庆溧阳县志》记载,洪武十三年起,溧阳县有陈嵩九(或名天民)上疏皇帝朱元璋请求复筑东坝。明朝嘉靖年间,溧阳县令王诤为陈嵩九写有一篇碑文,以宣扬其功德。陈嵩九当时二十二岁,"身居草莽而忧在庙堂"。为应对中江下流郡县水患,他上疏请筑东坝,并立下惩罚状。洪武皇帝恩准,由主官掌握朝廷供应的钱粮,陈嵩九筹谋策划,六个月东坝完工。朝廷要赐他官职,他坚辞不受。他说只想在坝的左边立块碑,碑的末尾有他的名字就心满意足了。后来,东坝立碑上记载了他的名字和事迹。

明成祖永乐元年(1403),广通坝的节制石闸受损,下游又遭受严重水灾。因为当时国都从南京迁往北京,广通坝不再具有曹运功能,朱棣决策,废弃广通坝石闸,堵塞河流,不再通航,在河道上水处(宋代银林坝旧址)筑一道土坝,谓之上坝。上坝高厚至数十丈,同时增加官吏看守,溧阳、溧水每年各派役夫40人,禁止民间盗泄河水。

正统六年(1441),洪水泛滥,上坝崩决,苏、常诸郡遭受水灾。于是,朝廷又加固土坝,增高土石,制定管理制度,严加防范。

明弘治年间(1488—1505),加固上坝。正德七年(1512),上坝加高三丈。嘉靖三十五年(1556),在上坝下游10里(原广通坝)加筑下坝。自此,长江经溧水东流太湖的水道基本阻断,西水流归长江,东水流归太湖。

"(洪武)二十五年,凿溧阳银墅东坝河道,由十字港抵沙子河胭脂坝四千三百余丈,役夫三十五万九千余人。二十七年浚山阳支家河,郁林州民言:'州南北二江相去二十余里,乞凿通,设石陡诸闸。'从之。""初,溧水有镇曰广通,其西固城湖入大江,东则三塔堰河入太湖。中间相距十五里,洪武中凿以通舟。县地稍洼,而湖

第七章 明朝时期

纳宁国、广德诸水，遇潦即溢，乃筑坝于镇以御之，而堰水不能至坝下。是岁（正统五年），改筑坝于叶家桥。胭脂河者，溧水入秦淮道也。苏、松船皆由以达，沙石壅塞，因并浚之。"（《明史·卷八十八·志第六十四·河渠六·直省水利》）

"故治水者必复溧阳之五堰，使西三洲之水不得东注于太湖；开宜兴之百渎，使荆溪之水入于江。""又开斗门以泄运河之水由江阴之申、利二港以入于江。"（[明]闻人诠撰，《南畿志·卷三·志水利》）

"岁佥溧阳、溧水人夫各四十看守""钦降板榜，如有走泄水利，淹没苏松田禾者，坝官吏处斩，夫匠充军"。（[清]嘉庆《溧阳县志》，武同举《东坝考》）

"明太祖定鼎金陵，以苏浙粮运自东坝入，可避长江之险。洪武二十五年（1392），浚胥溪，建石闸启闭，命曰广通镇。永乐元年（1403），苏人吴相五奏复上坝，增设溧阳、溧水坝夫守之。自是宣歙诸水希入震泽而坝犹低薄，水间漏泄，舟行犹能越之。正统六年，洪水泛滥，苏常诸郡困于潦。巡抚周忱集工加筑，禁不得复言运河故道。正德七年（1512），加高三丈许，水势遂相距远甚。嘉靖三十五年（1556），倭入寇，商旅尽由坝上行，乃复于坝东十里更筑一坝，两坝相隔，湖水绝不复东矣。夫永乐所复上坝即宋之银林坝也，嘉靖所增下坝即宋之东坝也。至今未之有改。"（[清]嘉庆《溧阳县志·卷五·河渠志·塘遏》）

"陈嵩九，字国宾[王铮碑：陈名天民]，洪武间抗疏请筑东坝。下流郡县得免水患，永被其泽焉。当时赐以官爵，辞不受。""（陈嵩九）乃敬陈忠悃，请于上流要地筑堤障水，以防民患，天子可其奏，命下有司议，格不行。公抗疏再上，谓'有司不达时宜，素飧推阻。乞命臣同有司不限臣以功力。容臣相度地势，于宣州、溧水交界之境，两山对峙之区，固城湖之下，濑阳江之上，建筑东坝，使苏、松无漂没之患，钟山有朝宗之胜。倘如有司所论，徒费不能成功，臣愿寸斩以谢欺君之罪，家口谪戍粤西之南丹。'天子壮其言，命有司共董其事，工力给自有司，谋划则出自陈公，六月而告成。"（［清］嘉庆《溧阳县志·卷十二·人物志·义行》）

第三节 圩田开垦

由于人口增长，各地继续围湖造田，金坛东塘、南闸、建昌圩，溧阳百丈沟、九坝、皇甫圩，武进的芙蓉圩、黄天荡圩都在该期兴建。许多地方并小圩为大圩。宣德年间（1426—1435），周忱在芙蓉湖合并小圩成芙蓉圩和黄天荡圩。约在正德十一年，金坛县令刘天和将14个小圩合并建成都圩埠（非清代记载的都埠圩），并建闸控制内河水位。万历十五年（1587），应天府尹张槚、丞许孚远申请公款命令各县属修筑圩田，溧阳开始并小圩为大圩。当时，武进、金坛、溧阳圩区遍布，面积多为数百亩，小的几十亩，大的万亩以上。当时，万亩以上大圩以武进芙蓉圩、黄天荡圩，以及金坛建昌圩、溧阳皇甫圩最著名。

圩田的扩大使常州府耕地面积大大增加。永乐元年（1403），常州府有田、地、山、荡、塘、滩、圩、埂、漕（池塘、沼泽）52 824顷；成化十八年（1482），黄册实征官民田、地、山、滩、塘、荡、漕、圩、埂61 777顷，其中水田48 365顷；万历四十五年（1617），常州府平、沙等田及山、滩、塘、荡共69 419顷（其中武进县17 233顷）。金坛县、溧阳县各类土地面积保持稳定。

圩田的增加使各县农田与水面的争夺愈演愈烈，平原、水网间的大片蓄洪区被侵占，使得洪涝时期的排水受到阻碍。旧时朝廷对圩区早已赋科，很难割舍眼前的利益而弃田还湖，圩区因此受洪涝危害日益严重。

"《都圩埠记》：金坛之地惟四区为最下，区有闸，名都圩。其上流分受茅山、方山，全受丫髻山青龙洞、黄金山白玉洞四源之水，南北分流入长荡湖。介两河之间，田皆洼下，随地形筑土为圩为埠。中曰荡东、曰邵家、曰东庄、曰岳家，凡埠四；北曰大荡，曰张家、曰荡景、曰伏草，凡埠三圩一；南曰荡埠、曰上蒋、曰中蒋、曰下蒋、曰张祥、曰戴圩，凡埠五圩一。其间复有支河二导水，自闸以达于运河，潴于湖。顾河浅而隘，埠低而圮，闸废不治久矣。每夏秋霖潦，则水弥漫而下，渺然巨浸。率累岁仅一获，且税倍重他所，居民流徙者十之七，荒芜极目，余见而悲之。进区民而语之曰：'若胡不治堤与闸而甘于转徙耶？'咸蹙额曰：'佣作以给妻孥，竭力以偿税，凡里邻之流徙者并偿焉。救死且不赡，而何有于是耶？'余闻而益悲，曰：'闸可复，而堤不可卒为也。然岁一治焉，庶其可渐复乎？'众曰'唯唯'。乃蠲其税之倍偿与贫不能输者，俾民出力以治堤。计田而任，官出资以治闸。量值而给，于是众欣然趋令；无督责点集之扰而工不愆期。堤之高者仅尺许，盖不欲急就以病民也。自冬徂春而堤成，甫夏而闸成，及秋乃大获。余率僚属往观而喜吾民之少济，乃记此于石，且有望于来者嗣而治之也，治闸者为耆民陈簠、姜玉云。"（[清]杨景曾等，《乾隆金坛县志·卷十·艺文志上·记》）

"（隆庆）六年（1572），修浚苏、松、常、镇四府堰坝田围。"（[清]李兆洛、周仪旸，《武进、阳湖合志·卷三舆地志三·水利·明》）

一、芙蓉圩

明代宣德年间，工部右侍郎周忱于常州上游溧阳高淳岗地筑堰分水，于常州下游治理芙蓉湖。宣德六年（1431），周忱巡抚江南，采用单锷《吴中水利书》"上堵下泄，化害为利"的方法，重修东坝及鲁阳五堰，以阻断上水，并疏浚江阴黄田港等河道，导芙蓉湖水入长江，湖中之浅处皆露。周忱发动湖民以工代赈，围筑大堤63里，成圩田10万余亩，时称"十万八千芙蓉圩"。同时，在圩堤上建造8闸、9洞、24桥，汛期关闭闸门、涵洞，旱季开启闸、洞灌溉。为防止堤内积水，又使用提水工具——戽水机，并于圩内开河设闸，排水防洪，芙蓉湖因此面积锐减。周忱治水 70 多年后的明弘治年间，芙蓉湖的水域存"东西亦五十里矣"；嘉靖年间，湖中建起的蓉湖庄已"田塍罗列，港汊纷错，桥坝尽排，村落显现"。

万历七年（1579），芙蓉成圩百余年，因年久失修，加上前 3 年屡经洪水，圩岸侵削，圩田尽被淹没，原圩民大多逃往他乡，仅存少数圩民以木石架小屋居住。翌年（1580），武进县治农县丞郭之藩以工代赈，动用官府河工银 538 两、仓谷 2 400 余石，会同无锡县兴筑圩堤，外围内界都得到巩固。

万历三十年（1602），常州知府欧阳东凤又发动圩民把原堤增高加宽，在圩内就地势高低围筑子岸（小堤），使之各成小圩区百余个，并疏浚圩内河道数十条，修建桥梁、石洞、涵闸无数。

"永乐初，始筑上坝以截来源，继修五坝，则上游道阻，而湖可尽潴为田，故其初年名曰'不麦'，低田以岁收只得一熟耳！迨郭县丞、欧阳太守坚筑内外堤障，始称完善。"（[清]李兆洛、周仪晫，《武进、阳湖合志·卷三舆地志三·水利》·明）

"宣德六年（1431），巡抚周忱修鲁阳五堰，芙蓉圩（湖）、黄天荡遂治为田。……王鏊《震泽编》云：此一源最巨，常为苏、常患。伍余福《三吴水利书》亦谆切言之，盖五堰为苏常水利一大锁钥也。自筑后，宜兴百渎渐湮为田，芙蓉湖、黄天荡渐筑成圩，而五堰以下圩田大小数百，常属最大者则曰芙蓉圩，跨阳湖、无锡两邑，纵横约二十余里，周围约六十余里，包地数十余万亩，湖心仅数十顷云。"（[清]李兆洛、周仪晫，《武进、阳湖合志·卷三舆地志三·水利·明》）

"周忱字恂如，吉水人，永乐甲申进士，宣德中工部侍郎。巡抚南畿，均赋税，虽恤民隐而图计无损。在苏松躬至闾阎问民间利害，故深得其情，江南之民实赖之。至今妇女小儿未有不知周巡抚者。"

（[明]闻人诠，《南畿志·卷二·志命官》）

"（万历）八年，武进治农县丞郭之藩筑芙蓉湖堤。""（万历）三十年，知府欧阳东凤筑芙蓉圩堤。"（[清]李兆洛、周仪晅，《武进、阳湖合志·卷三舆地志三·水利·明》）

"芙蓉湖本属巨川，其始之筑岸也，宋元时已间有之。要不过于湖滩高处零筑小圩，明泄水尽涸，遂举其中兜底一片筑成一大圩，周围六十一里，为田十万余亩，分辖武、无两邑，武进居其二，无锡居其一，在锡之田即今青城区玉、出、昆、冈、剑、丽字号等图，悉在大圩包举之内也。圩田最下，此更为低中之低，故潦则众流会归，复有滔天之警，十载中荒六七，所恃堤防一策，卫田畴，保躯命，畚锸之劳不敢一日少懈，历来抚斯地者，悯瘝土劳民，不堪重益，其困爱著，为恤免差徭之令。无锡县正堂赵弘本立于康熙五十八年（1719）十二月。"（《芙蓉湖康熙碑》，原碑现立大墩凤阜寺）

"至文襄治湖成田，筑各圩不下数十而尤大者，莫如我圩。适当旧湖之心，遂仍旧名，以不忘所自。在常州郡城东北四十五里，无锡县城北四十里，江阴城西南三十里，临江邑马家圩、十七圩，南接石莲圩、锡邑季家圩，西南接庄其圩、荷花圩，东北接沙田圩。西北一带，倚芳茂山为屏，自横山至石堰蜿蜒十数里，与西北大堤相附丽。圩内无镇市，南有玉祁、崔桥，西有横山，北有新安、焦垫五镇，俱隶圩外，若相抱围，形类方，而东北与西南有两角，又若两翼之振，锐而其长也，实在圩图列于左。"（[清]张之果等，《芙蓉湖修堤录·卷一·图说》）

二、黄天荡圩

在舜过山以西（今郑陆桥）、网头河（今北塘河）以北有一浅湖，名黄天荡。该荡在明代以前范围很大，曾经"北抵大江"，应是汉代所称毗陵上湖的主体。宋代以后，黄天荡周边已经被零星围垦，范围缩小。明代周忱修筑芙蓉圩时，黄天荡亦修堤成圩。该圩外大围 4 795 丈，内大围 3 433 丈，里面有 9 个小圩，面积 2 万多亩，外边有 18 个浅滩。万历八年黄天荡与芙蓉圩堤一起重修；万历二十八年，欧阳东凤设局敛资，招流民，请求国库拨款，修筑黄天荡内外大围及各圩岸戽水车。

"邑东北隅黄天荡者，地沮洳与芙蓉湖等，而潴水较浅，故彼以湖名而兹以荡名，其遇水为患则一也。""夫我黄天荡，北抵大江，南沿北干，西通芦埠，东接三河。未有圩岸之前，一水族潜居之所耳。自公（周忱）来抚江南，度其形势，详奏圣明，特为召募，给以工价，及时兴筑，虽徭役甚繁，实工程浩大，观夫内包九圩，外卫十八滩，内大围三千四百三十三丈，外大围四千七百九十五丈，俱已高厚坚凝、至精至密。而周迴洞闸，水旱资其蓄泄者，亦无不处置得宜，使民得以族而居，可耕可稼，上以饶国赋，下以遂民生，功业可谓大矣。虽经费悉资公帑，奋掬尽赖编氓，调济经权一切、远猷硕画，则唯我公默为运量也。"（[清] 道光《黄天荡修堤录·卷上·颂德碑》）

"万历八年秋七月，潜江之藩郭公来摄武进县水利篆。公极有胆识，才略过人，凡邑中有利于民者，无不为之兴作，如重修黄天荡与芙蓉圩堤之事尤大，彰明较著者也。余考文襄筑堤在国初永乐年间（有误），至于今，历世十一，历年百七十有余岁矣，其间治农、县丞后先相继，而偶遭水毁，唯是补苴以塞责，致日浚月削，规模渐废。重以嘉靖四十年，淮水浡冲，暨万历之五、七、八年淫雨江潮迭相为患，求所谓文襄之遗迹，几溃败而不可收拾矣。幸我郭公以国课民生为计，爰特绘图申详上宪，请支河工银三百三十两并借仓谷一千四百四十石，刻日兴工，且赈且筑。时所修者内大围三千四百三十余丈，外大围四千七百九十余丈，而子圩滩港及周回闸洞，莫不犁然具举，且又逐段分析，使老成练达之人署名承管，每当东作未兴，饬里按田派夫，协力修筑，酌定章程，可为后世法。"（[清]

道光《黄天荡修堤录·卷上·重修黄天荡围岸事略》）

"万历八年，武进县少尹之藩郭公虑荡民迭经水毁，修筑无资，具详上宪，请支河工银兼借仓谷，以赈以筑，期于尽善，圩民德之，为之勒碑纪绩，永志弗替焉。越二十年，又经洪水泛滥，荡堤以风波冲激，圩民猝不及防，致令浪跃檐端，涛飞树杪，死者填沟壑，生者散四方，幸有太守欧阳公设局敛资，招流民，勤抚恤，复请帑给资，以修筑内外大围及各岸戽水车，靡不坚厚，以图久远，在荡灾黎，莫不蹈德咏仁，以为公来何暮也然。"（[清] 道光《黄天荡修堤录·卷上·重修黄天荡围岸记》）

三、建昌圩

建昌圩在金坛县西北部，位于丹金漕河以西，北沿南新河（今上新河），南沿大溪（今通济河），西沿麦埠、延陵新河，东沿庄城桥河。其上流接受茅山、丁角、长山诸水，每夏秋汛期，洪水泛滥而下，当地人筑长堤抵御，并沿堤外开两条截水河道，引水南入丹金溧漕河，北入洮湖，山水不再注入圩内。在圩内，当地人利用中部洼地天荒荡，蓄水备旱，水年滞涝。圩为方形，周围80余里，圩内有田埂1 800余丈；中有天荒荡，水面与田地约各半；土壤沙泥混杂，宜于种植大麦，产量较高，收益与种水稻相当。民间有"十万天荒九万亩"之说。后经实测，全圩面积73 800亩，其中耕地38 800亩，堤防高程在6米以上，地面高程5米左右，低的4米。建昌圩是金坛县内第一大圩区。

建昌圩成圩年代无考。清乾隆《镇江府志》及光绪《丹阳县志》载：明景泰六年（1455年），丹徒、丹阳、金坛三县大旱，巡抚都御史邹来学等浚治简渎，引河水解决灌溉水源，其中提到建昌圩，说明该圩在明景泰六年以前已经存在。

正德十年（1515），金坛知县刘天和改建建昌圩，并于圩东潭头村改建圩闸，刘天和作《建昌圩闸记》，具体叙述该工程。

"《建昌圩闸记》：金坛西北有圩曰建昌，其上流全受茅山、丁角、长山诸水。每夏秋霖潦，则水泛滥而下，乃环圩筑土为堤以御之，周八十余里，分诸水为二派，南北环堤而流，以入于运河。圩之内，皆良田，以亩计者近十万。土杂沙泥，宜蕎麦，利与秋谷等。中为天荒荡，溪流旁达，积水以备旱，亩与田称。旧于圩南以司蓄泄，顾近上流水易冲啮，且地高水去不疾，成化间乃移置圩东下流潭头。然闸高则水积不去，田之下者易没；下则水去不留，田之高者易旱；有难以两适者。以故，随葺随圮，岁久莫治也。正德岁乙亥十月，余循行田野，偶至此而得其故。乃进圩民之长者而问焉。曰：圩田高者十之八，下者十之二尔。闸南北各二里许，则田之最下者。就观之：水没不盈尺，而闸底之水尚三尺许，乃稔。于众曰：'使水缩尺许，则田之下者尽露矣，矧可利于寡而不利于众哉？然则若视旧，宜高而广。'众乃欣然合辞以应曰：'唯唯。'于是鸠工计材，委圩民之能者，分治其事。峙桩木，垒坚珉，旁各为二翼以杀水势，上甓石为桥以通往来。越丙子春正，凡四月而工成。值岁旱，圩以有备，故大稔。众益欣然，喜斯闸之有成也。乃治石求余言以纪之，聊述其颠末以诏来者，闸制广狭高下、蓄之禁与治闸者之姓氏，备列于左云。（[清]杨景曾等，《乾隆金坛县志·卷十·艺文志上·记》）

"建昌圩，在二十八都。东至潭头，西至井庄，南至十字河，北至延陵，周回八十四里，圩埂一万五千余丈。中有田地八万余亩，余皆积水，名曰天荒荡，土杂沙泥，腴肥宜麦；明武宗正德十年建闸，知县刘天和有记。"（[清]杨景曾等，《乾隆金坛县志·卷一·舆地志·水利·塘埠》）

四、皇圩

皇圩原为芦荡，旧称皇甫圩，在溧阳县城北部，民国以前是溧阳县第一大圩区。民间传说，朱元璋称帝后，正宫马皇后因念家乡多水患，以胭脂花粉银捐助筑成皇圩，此说没有史实支持。另据民国35年《皇圩二十四荡代表呈请省政府救济工资（赈）报告》云，皇圩为明初刘基所筑，亦无史料证实。但是，皇圩筑圩时间为明初，似为可信。

溧阳皇甫圩周围近 40 里，面积 2 万多亩，有耕地近 1.5 万亩、水面近 0.4 万亩（20 世纪 80 年代资料）。原皇圩共有 24 荡（小圩），每荡设石闸一座，通于圩外大河，每遇涨水，小则赖闸出水、乘时补种，大则无法外泄、任其淹没。圩民每年维护圩堤，遇水灾损坏圩堤则予以培补。万历十五年（1587）、万历二十六年（1598），官府两次拨银修补圩堤。万历二十五年（1597），溧阳知县李光祖到任，他召集圩内 24 荡民众全面修筑皇甫圩 8 000 丈，增高圩堤，阔 3 丈多，增建石闸 24 座，大大减轻水患。（张新德纂，《溧阳县水利志》第四章第一节第一目"皇圩"）

"明万历十五年，南畿水。应天府尹张槚、丞许孚远请帑饬属修筑圩田，溧阳诸大圩兴焉。厥后，知溧阳县李光祖又尝重筑皇甫圩。《吕昌期碑略》：溧阳县治北故有圩曰皇甫，周四十余里，田以二万计，岁久堤渐圮薄，水潦害稼，民至荡析，不能有其居。吏忧之，计无所出。李侯下车问民疾苦，得其事，既往周视，慨然曰，是余之责也夫……督以二十四荡荡长，各有分地……凡修八千丈，阔三丈许，建石闸如荡数，以时启闭，荡则泄之，旱资以灌溉。……其民间，比年小修，及遇潦培补。"（［清］嘉庆《溧阳县志·卷五·河渠志·水利总说》）

第八章

清朝时期

　　清朝前期和中期，水利工程增加，推动当地经济繁荣，户口迅速增长。顺治二年（1645），常州府有当差人丁 591 786（见清康熙《常州府志》），其中武进县有人丁 147 733（人丁与人口数约为一比二）。1776 年，常州府人口应在 311.5 万，嘉庆二十五年（1820）《一统志》统计的是 389.6 万人，1851 年大概在 440.9 万人（曹树基，《中国人口史·第五卷·上》，复旦大学出版社，2005 年版，第 87 页）。到清宣统三年（1911），城区人口达到 15 818 户、101 876 人。民国元年，武进全县人口 77.1 万。清朝顺治初，金坛有男丁 16 895 人，顺治十五年有男丁 17 320；至同治四年，有男丁 21 758，光绪十年有男丁 44 139。据有关研究，溧阳县在咸丰元年（1851）有 36.6 万男丁，约 65 万人。

　　因为土地围垦面积达到当时的极限，耕地与人口的矛盾突出。朝廷、官府十分重视耕地与水面的平衡以及河道疏浚、水系治理。晚清时，由于内忧外患、国力衰弱，水利工程减少。

　　"顺治四年，给事中梁维请开荒田、兴水利，章下所司。十一年，诏曰：'东南财赋之地，素称沃壤。近年水旱为灾，民生重困，皆因水利失修，致误农工。该督抚责成地方官悉心讲求，疏通水道，修筑堤防，以时蓄泄，俾水旱无虞，民安乐利。'"（《清史稿·卷一百二十九·志一百四·河渠四·直省水利》）

第一节 河道开浚

清代经常有大规模的河道疏浚。当时的地方官认识到，一般河港应当两年疏浚一次，十年大浚一次。朝廷、地方总督会在太湖流域组织全面的河道疏浚。例如，雍正十二年（1734），两江总督赵宏恩实地考察苏、松、常、镇一带港渠河湖，奏请全面通浚江南各地渠港；乾隆二十三年（1758），吏科给事中海明巡视江南河道，督浚运河；嘉庆六年（1801），总督漕运铁保奏浚江南运道。道光四年（1824），江苏按察使林则徐综合办理江苏、浙江水利。同治十年（1871），江苏巡抚张之万请设水利局，兴修三吴水利。

道光《武进、阳湖合志》记载的清代武进、阳湖的水利工程有40多次，其中对大运河的疏浚约有14次，对南运河的疏浚约有7次。

"（雍正）十二年（1734），总督赵宏恩奏请通浚江南渠港。"

"（乾隆）二十三年（1758），吏科给事中海明巡视江南河道，督浚运河。"

"（嘉庆）六年（1801），总督漕运铁保奏浚江南运道。"（以上3条引文均见［清］李兆洛、周仪暐，《武进、阳湖合志·卷三舆地志三·水利·国朝》）

"（道光）四年（1824）……给事中朱为弼请疏浚刘河、吴淞，及附近太湖各河；御史郎葆辰请修太湖七十二溇港，引苕、霅诸水入湖以达于海；御史程邦宪请择太湖泄水最要处所，如吴江堤之垂虹桥、遗爱亭、庞山湖，疏剔沙淤，铲除荡田，令东注之水源流无滞。先后疏入，命两江总督孙玉庭、江苏巡抚韩文绮、浙江巡抚帅承瀛会勘。玉庭等言：'江南之苏、松、常、太，浙江之杭、嘉、湖等属，河道淤垫，遇涨辄溢。现勘水道形势，疆域虽分两省，源委实共一流。请专任大员统治全局。'命江苏按察使林则徐综办江、浙水利。"

"(同治)十年（1871）……江苏巡抚张之万请设水利局，兴修三吴水利。于是重修元和、吴县、吴江、震泽桥窦各工。最大者为吴淞江下游至新闸百四十丈，别以机器船疏之。凡太仓七浦河，昭文徐六泾河，常熟福山港河、常州河，武进孟渎、超瓢港、江阴黄田港、河道塘闸、徒阳河、丹徒口支河，丹阳小城河，镇江京口河，均以次分年疏导，几及十年，始克竣事。"（以上2条引文均见《清史稿·卷一百二十九·志一百四·河渠四·直省水利》）

"明唐鹤征曰：沟港、陂塘所利不同，总之贵深，深则多藏，潦不易溢，旱不易竭矣。顾流缓易澄，澄则易淤，滨湖滨江，尤为易淤。数浚则民疲，不浚则流绝，一切诸田间水道陂塘，定以间岁一小浚，则令塘长督得利之。夫浚之管农官，稽之十年一大浚，则有司设处米谷稍济之，而督以管农之官可也。"（[清]李兆洛、周仪暐，《武进、阳湖合志·卷三舆地志三·水利》）

一、大运河

顺治年起，朝廷经常疏浚大运河，特别是屡挑镇江至武进河段。顺治九年，武进知县姜良性浚运河。

康熙元年（1662），朝廷制定运河修筑维护的质量时限：若三年内运河堤坝冲决，弹劾和处分修筑堤坝的官员；三年以后堤坝被冲毁的，弹劾和处分养护堤坝的官员；不行防护而导致堤坝冲决，筑坝官和护坝官一并予以弹劾、处分。康熙五年，浚运河。

康熙六年（1667），官府组织2万民工浚大运河，西起奔牛，东至丁堰，延袤40余里，同时疏浚西关河50余丈、小西关130丈。

乾隆三年（1738），常州知府包括督浚运河。

乾隆二十二年（1757），朝廷规定，徒阳运河每岁捞浅，朝廷6年一次大规模疏浚。江南徒阳运河定期挑浚，一般在每年冬季进行，江浙回空漕船全部通过这一河段后，巡视南漕御史与总督或巡抚商量好煞坝兴挑的时间，然后上报皇帝批准。一般定例"于十一月初旬煞坝挑河"，"定限四十日完竣，启坝挽渡重运。"如果遇到冬春时节雨雪过多，影响挑浚，煞坝开坝的时间就会予以相应宽延。大挑之年，漕船一旦完成任务回到驻地，"随即赶紧钉桩筑坝"，"将各坝合龙排车戽水，一俟车戽净尽"，就开始挑挖河道，而"其余年分于漕运回空之后择浅分别挑捞，择滩估切，以济重运。"除了定期的大小挑外，为了始终确保重空漕船的畅行，遇有淤浅即随时疏浚，此项工程则由地方官及相关官员负责。

乾隆五十一年（1786），常州知府金云槐督浚运河。

嘉庆元年（1796），疏浚运河。嘉庆十二年（1807）冬，浚运河。通饬查办两邑，自文亨桥至舣舟亭止，费帑三千余两。

道光六年（1826），署太仓州知州范博文督浚武阳运河。道光十五年（1835），浚运河，以巡抚林则徐饬而浚，动员各级官吏捐养廉银筹款，疏浚河道自文亨桥至舣舟亭止。

同治十三年（1874），巡抚张树声疏浚运河。

光绪九年至十年，阳湖县曾租用泰西人机器船疏浚自青山桥至惠济桥（戚墅堰老街东首，跨京杭运河）的1900余丈的河道，但效果不佳。

"京口以南，运河惟徒、阳、阳武等邑时劳疏浚。无锡而下，直抵苏州，与嘉、杭之运河，固皆清流顺轨，不烦人力。"

"康熙元年，定运河修筑工限：三年内冲决，参处修筑官；过三年，参处防守官；不行防护，致有冲决，一并参处。"

"（乾隆）二十二年……巡漕给事中海明言：'江南运河，惟桃源之古城砂礓，溜滩湾沙积，黄河以南，惟扬州之湾头闸至范公祠三千三百余丈间段阻浅，均应挑浚。镇江至丹徒、常州，水本无源，恃江潮灌注，冬春潮小则浅。加以每日潮汐易淤，两岸土松易卸，应六年大挑一次，否则三年亦须择段捞浅。丹徒两闸以下，常州之武进等县，亦间段浅滞，均应一律挑浚。'诏：'挑河易滋浮冒，宜往来查察，毋得属之委员。'"（以上3条引文均见《清史稿·卷一百二十七·志一百二·河渠二·运河》）

"国朝。顺治九年,知县姜良性浚运河。"

"康熙五年,浚运河。"

"(康熙)六年(1667),浚西关河。时关河壅塞,把总施成龙以往来粮艘停泊关外,惧踈虞,请浚西关河五十余丈,又浚小西关一百三十丈。是年,重浚运河。西起奔牛,东至丁堰,延袤四十余里,役丁夫二万余,半月工毕。"

"乾隆三年,知常州府包括督浚运河。"

"(乾隆)五十一年,知府金云槐督浚常州运河。"

"嘉庆元年,浚运河。"

"(嘉庆)十二年冬,浚运河。通饬查办两邑,自文亨桥至舣舟亭止,费帑三千余两。"

"(道光)六年,署太仓州知州范博文督浚武阳运河。"

"道光十五年,浚运河。以巡抚林则徐檄饬而浚,捐廉办理,自文亨桥至舣舟亭止。"(以上9条引文均见[清]李兆洛、周仪晫,《武进、阳湖合志·卷三舆地志三·水利·国朝》)

"(同治)十三年,巡抚张树声浚运河。"([清]光绪《武进、阳湖县志·卷三·营建·水利》)

二、城区河道

由于城区人口大量增加,城区水利重要性突显。常州官员陈玉璂曾云:"夫市河,则城市之民所仰以谋生,亦乡村之民所由以粪田者。"地方官员已经把城区水道疏浚纳入常州府水系治理的宏观框架内(见本节第三目"康熙三十一年"引文)。从顺治到同治年间,基本上每过数十年便有一次大规模的城区水道疏浚。

康熙三十一年,常州知府于琨、通判徐丹素、武进知县王元烜浚城内外各河。其疏浚的办法是:沿河两岸居民以河中心线为界,各浚半条河,临河居民各户照其房基址岸线长度负责浚河,河边房屋不濒河者协助疏浚。深浅宽窄各有定程,鳏寡孤独概行优免。河岸没有房屋的间隙之地,劝令绅富商贾

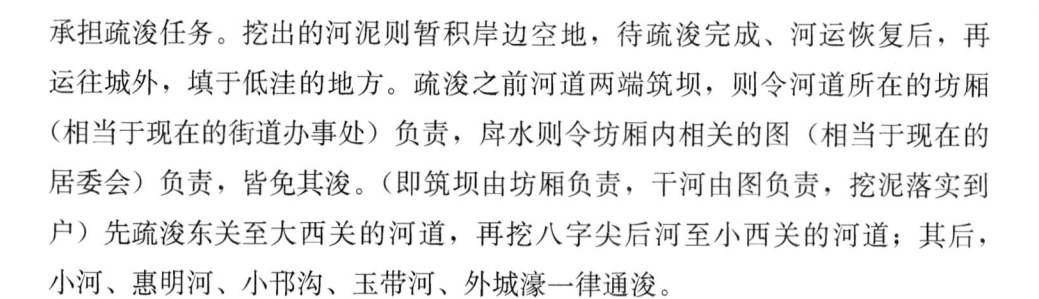

承担疏浚任务。挖出的河泥则暂积岸边空地，待疏浚完成、河运恢复后，再运往城外，填于低洼的地方。疏浚之前河道两端筑坝，则令河道所在的坊厢（相当于现在的街道办事处）负责，戽水则令坊厢内相关的图（相当于现在的居委会）负责，皆免其浚。（即筑坝由坊厢负责，干河由图负责，挖泥落实到户）先疏浚东关至大西关的河道，再挖八字尖后河至小西关的河道；其后，小河、惠明河、小邗沟、玉带河、外城濠一律通浚。

"（顺治）十七年，知府赵琪浚玉带河。"

"（康熙）三十一年，知府于琨、通判徐丹素、知县王元烜浚城内外各河。……值邑侯王公（王元烜）莅任，乃从士民之请，集议挑浚，计河身丈尺，俾濒河居民照其基址各半分浚，其不濒河者协助焉。深浅宽窄各有定程，鳏寡孤独概行优免。至于间隙之地，劝令绅富商贾多浚丈尺，以补居民所不逮。其运泥则暂积空地，俟水通运于城外，置之低洼之所。筑坝则令坊厢司其事，戽水则令坐图任其劳，皆免其浚，于是人乐趋事矣。先从东关以达大西关，又从八字尖后河以至小西关，而小河、惠明河、小邗沟、玉带河、外城濠一律通浚。是役也，《陈志》谓其不伤财劳民而事毕举，可为后法云。"

"（雍正）十年，知府魏化麟浚城河。"

"（乾隆）二十五年，知府永会浚城内外各河。（侍郎庄存与有记）"

"（乾隆）五十一年，知府金云槐督浚常州运河。是年，复浚城内外各河。"

"（嘉庆）十四年冬，浚城河。以十二年赈余浚，力有不及，城内玉带河、城外西兴河俱未浚，约费七千余金。"

"（道光九年）浚城河。时河道淤塞，汲饮俱难，邑人捐资浚之。"（以上6条引文均见［清］李兆洛、周仪暐，《武进、阳湖合志·卷三舆地志三·水利·国朝》）

"道光二十三年，浚城河。……三十年，浚后河、滕公桥河。"

"咸丰三年，浚城濠。"

"同治五年，知府扎克丹、武进知县王宗濂、阳湖知县温世京浚城河。……九年，知府扎克丹浚玉带河、滕公桥河。……十年，武进知县王宗濂、阳湖知县张清华浚城河。"（以上3条引文均见［清］光绪《武进、阳湖县志·卷三·营建·水利》）

三、通江河道

顺治十六年（1659），因海寇告警，朝廷曾堵闭常州境内各通江支港。后政局稳定，康熙至光绪年间，朝廷大力疏浚常州西北部孟渎、得胜河、澡港渎等通江河道，其中见诸记载的较大工程有10多次。

康熙十九年（1680），巡抚慕天颜奏请浚孟渎，建闸。孟渎自武进奔牛镇之万缘桥起，至孟河城北出江，淤道48里，长60余里，预计役夫共99.4万，加上筑坝、戽水、帮岸等项，需费用48 000两。该工程于次年二月启工，由宜兴、无锡、金坛、丹徒、丹阳5县合作开挑，分为10段，武进开4段，丹阳开2段，宜兴、无锡、金匮、丹徒开4段，底宽1丈，面阔10丈。自万缘桥至夏墅火神庙为南五段，由原任长洲县李某负责，自火神庙至三山口则由原任武进县郭萃负责，松江府唐同知总负责，当地绅士则分段协理，建大石闸一座。数月竣工。

清雍正五年（1727），小河段的穿心港和拦门沙港开通，孟渎附近多了一条进口河道（河上有荫沙小河闸），小河口成为近代常州主要的进口港，内陆河道由此直接通到长江。从此，孟渎有两个入江口，一是小河港，从入江口至石桥，称为新孟河段；二是从入江口经孟河闸、万绥至石桥，称为老孟河段，石桥至奔牛段没有变化，老孟河的水利和航运作用下降。（雍正）九年（1731），官府在孟渎设犁船4只，领混江龙4具，召募水手，每年春秋在江口拖刷淤沙，费银数百两，后来感觉效果不好，废除此举。混江龙是刷荡沙泥、防止河道淤积的治河工具，北宋神宗熙宁六年（1073）李公义、黄怀信创制；其为木制，径一尺四寸，长五六尺，四面安铁叶如卷发，重凡三四百斤，沉入水底，以刷荡沙泥。

乾隆年间（1736—1795），朝廷共疏浚沿江河道6次。其中，乾隆三十一年（1766）规模较大。该工程用两县丁夫，阳湖县浚得胜河，武进县浚孟渎。河面宽统一以6丈为标准，底宽2丈。按田亩多少分派各家工役，并定制度三年挑（捞）浚一次。孟渎当地四十四图，得胜当地三十二图承办每年的维修。因为承担维修孟渎的工役，该两图民众除挑浚大运河外，不再派遣其他工役。

嘉庆二十年（1815），武进县浚孟渎。

道光三年（1823），武进县汪世樟、阳湖县张世桐疏浚西北护城河及北塘河。河久不浚，潮水垫淤，自青山桥至陈湖港，几至舟楫不通。于是两县官绅率先捐献，邑人刘弼全、姚信等集资4 000缗。自所桥至北护城河，过青山桥，又东北至大宁乡河口止，疏浚40余里，正月起工，四月完工。

道光十年至十二年（1830—1832），江苏巡抚署总督陶澍又大规模疏浚武进孟渎、得胜、澡港三河。统计三河夫工银两及添建闸座、置介民田、改开新口，共需银206 724两。当年腊月开工，因雨雪连绵，第二年春天将工段较短之得胜、澡港，及孟渎之超瓢口、护城河先行挑挖，其余如孟渎工段在秋后再开工。第二年初，又值春雨水发，只好又到秋后接挑。此年逢发大水，冬令未消，直至第三年春继续工程，直到十二月中旬才完工。该工程资金武进、阳湖两县共摊一半，无锡、金匮、宜兴、荆溪四县共摊一半。人工由孟渎三十五图、得胜三十二图、澡港二十六图出。除人工费用外，还有改开新河口、置买民田、改迁坟茔与房屋的费用，具由江防厅负责。该工程十二年十二月竣工，比预算节省费用10 100多两白银。十三年六月，朝廷对疏浚有功者或嘉奖或升职。

同治七年（1868），常州知府扎克丹、武进知县鹿伯元浚孟渎。同治八年（1869），通江乡绅士发起疏浚孟渎。"通江乡绅士费伯雄、马文植、恽思赞等呈请知武进鹿公伯元，申请拨款挑浚。巡抚檄发钱三千缗，益以濑河八图捐钱三百七十六缗有奇，孟河士商捐钱六百六十三缗有奇，募洲民浚之"。这里费、马两人都是孟河名医，在当地很有影响力。该项工程涉及濑河八图，从发起施工到筹措经费，再到组织施工，历时三月完成。

同治十一年（1872），阳湖知县张清华疏浚申浦河，武进知县特秀、阳湖知县王观光疏浚芦埠港河；十三年（1874），阳湖知县吴康寿浚舜河。

光绪二年（1876），武进知县王其淦浚孟渎。

光绪十三年（1887），武进县知县金吴澜再次组织疏浚孟渎，工程始于光绪十三年十月，次年四月竣工，历时七个月，开挖土19.76万方，使孟河"吞吐潮汐，绝无阻碍"。地方复员绅士恽思赞自始至终是这次疏浚工程的关键人物，恽曾任浙江长兴知县。该工程筹集资金的工作早在光绪十年就已着手进行，恽思赞曾记录筹集经费的过程："今知武进县事金公吴澜莅任后，为民兴利，见水利之至巨者，莫要于浚孟河。乃与阳湖县温公世京谋，下令于乡计田出钱，照旧章略分差等。武进田七十万亩，滨孟河者十万亩，亩百钱。余皆亩六十钱。阳湖亩三十钱。凡得钱六万四千余缗，分四年上下忙征之，以其钱置典中取息，又得钱三千七百余缗。"这里说的分四年上下忙征收，指光绪十年到十三年这段时间。

光绪二十七年至二十九年（1901—1903），常州士绅恽祖祁（曾任湖南会陵知县、江西盐法道，当时任常州江防营总领）主持疏浚南运河、江南运河（武进、阳湖段）、得胜河、孟河、澡港河。（见《历代常州地区航道浚治年表》，常州市交通局1983年编）

"（康熙）十九年，浚常熟白茆港、武进孟渎河。"

"（嘉庆）十七年，浚武进孟渎河。"

"道光十三年……两江总督陶澍请修六合双城、果盒二圩堤埂，浚孟渎、得胜、湾港三河，并建闸座。"（以上3条引文均见《清史稿·卷一百二十九·志一百四·河渠四·直省水利》）

"（顺治）十六年，堵闭通江支港。时海寇告警，议沿江列戍，修马路、筑烽墩、炮台，凡通江支河悉皆闭塞。"

"康熙十一年，知府纪尧典浚奔牛中月河，复修奔牛闸。"

"（康熙）十九年，巡抚慕天颜奏请浚孟河，建闸。……孟河自武进奔牛镇之万缘桥起，至孟河城北出江，淤道四十八里，共长八千五百三十三丈，应浚深阔不等，总计人夫九十九万四千工，并议修大闸一座，与筑坝、戽水、帮岸等项，需费四万八千两。二河共需费十万四千两。……是役以宜兴、无锡、金坛、丹徒、丹阳五县协济开挑，亦分为十段，武进开四段，丹阳开二段，宜、锡、金、徒开四段，底宽一丈，面阔十丈。自万缘桥至夏墅火神庙为南五段，则委之原任长洲县李某，自火神庙至三山口则委之原任武进县郭萃，松江唐同知总理之，督察人夫，并力挑浚，而邑内绅士则分段协理，建大石闸一座。二十年二月启工，数月工竣。"

"（康熙）三十一年，知府于琨、通判徐丹素、知县王元烜浚城内外各外河。……康熙二十七、八年间，运道屡梗，议浚议灌，频年见告。邵长蘅《毗陵水利议》谓：疏通孟渎、烈塘诸港，修复旧闸，既便转漕，兼资灌溉，最为上策。次复运闸以通漕，五泻虽湮，宜于丁堰、戚墅间特置一闸，常蓄水五六尺以上，以济毗陵运，次则疏百渎，筑围田，浚陂塘，以为高下田畴之利，末则兼言城河之淤垫，意亦相同。"

"（康熙）四十六年冬，奉旨浚武进县之孟渎、得胜两河，并修建孟河北闸、魏村闸及奔牛之天井闸。工启于四十八年春，费帑金三万余两。雍正五年，浚武进县之孟渎、得胜两河。费帑二万余两。"

"（雍正）九年孟渎奏设犁船四只，领混江龙四具，召募水手，每岁春秋于江口拖刷淤沙。从之。费帑数百两，旋以无效废。案：宋置浚川耙、混江龙以疏刷黄河，时咸笑之。"

"（乾隆）四年，知武进县赵锡礼浚澡港河。"

"（乾隆）九年，浚得胜河。自连江桥至魏村闸。"

"（乾隆）十七年，武进县重浚孟河。是役照业食佃力例开挑，因两岸侵占河基者从中阻挠，未竟其工，士民捐钱三百五十千，知县黄瑞鹏捐钱百千赏河夫。"

"（乾隆）二十九年，知阳湖县汪邦宪〔应作陈廷柱〕浚芦埠港。在阳邑、江阴交界处。"

"（乾隆）三十一年，总督尹继善、巡抚庄有恭奏浚孟渎、得胜二河。……自雍正五年发帑开浚，历今几四十年，河身淤垫，亟需大加挑浚。孟渎计长一万五百余丈，约估工价银三万一千余两。得胜计长六千六百余丈，约估工价银二万二千余两。其孟渎河旁旧有小河一道，分流入江，较正河近便直捷，潮退尽由泄泻入江，所以正河水缓沙停，易致淤垫，应于小河分流处添建石闸，约估需银五千余两。通计两河工费浩繁，民力一时难以措办，应请照该两县士民所请借帑趱办。按两邑田亩验派，分作四年征还归款，从之。用两县丁夫，以阳湖浚德胜，武进浚孟渎，于三十一年兴工。孟河面宽统以六丈为率，底宽统以二丈为率，并定二河两岸得沾水利，图分照业食佃力例，按田派夫，三年挑捞浚一次。孟河则四十四图，得胜则三十二图承办岁修，除挑运河外，别项工役俱行免派。是年，武进县县丞吴（融）督浚澡港河。"

"（乾隆）五十五年，武进县谭大经浚孟渎、得胜二河。先是，三十二年两河定岁修法，岁久未行，至是屡请借帑开浚，未允。适值兴南河之役，遂请照岁修业食佃力例挑浚，并求免派南河夫役，允焉。"

"（嘉庆）二十年，总督百龄奏浚武进县之孟渎河。呈于十五年夏，浚于二十年冬。"

"（道光）三年，武进县汪世樟、阳湖县张世桐浚西北护城河及北塘河。河久不浚，潮水垫淤，自青山桥至陈湖港，几至舟楫不通。于是两县捐廉倡率，邑人刘弼全、姚信等集赀四千缗助成之。自所桥至北护城河，过青山桥，又东北至大宁乡河口止，计四十余里，正月起工，四月竣事。凡沿塘堤岸概行加筑完善焉。"

"（道光）十年十月，江苏巡抚署总督陶澍奏浚武进之孟渎、得胜、澡港三河。""统计三河夫工银两及添建闸座、置介民田、改开新口，共需银二十万六千七百二十四两零，并请照康熙二十年协济例案办理，详奉奏准兴挑。于腊月开工，因雨雪连绵，明春下宕，将工段较短之得胜、澡港，及孟渎之超瓢口、护城河先行挑挖，其余孟渎工段较长，淤甚，奏缓秋后兴办，而承挑各董挑至七分估次，又值春雨水发，难以施工，亦俟秋后接挑。而三河原估河底丈尺，前系按河面宽广之数，五成减收，形势壁立，易于坍卸，亦须重估。是年大水，冬令未消，直至十二年春姚侯莹抵任，秋间重行改估，于十二月中旬始能蒇事。适启工后雨雪交萃，在工人役无不备极劳瘁焉。其筹款之法，仿慕公邻县协济成案，所借帑银武、阳两邑共摊五成，锡、金、宜、荆四邑共摊五成，十年征还归款。其起夫之法，孟渎则三十五图，得胜则三十二图，澡港则二十六图，皆就近起夫。其工员一切人等薪水费用，则取给于向例扣平之五分，其改开新口、置买民田、改迁坟茔庐舍，则援江防厅新例报销。工竣共节省银一万一百余两，奏明交武、阳二县发典生息，以为岁修之用。（十二年十二月竣工，十三年六月上谕对疏浚有功者嘉奖升职）"（以上16条引文均见［清］李兆洛、周仪晘，《武进、阳湖合志·卷三舆地志三·水利·国朝》）

"同治七年，知府扎克丹、武进知县鹿伯元浚孟渎。九年，阳湖知县张清华浚舜河。十一年，阳湖知县张清华浚申浦河。武进知县特秀、阳湖知县王观光浚芦埠港河。十三年，阳湖知县吴康寿浚舜河。（光绪）二年，武进知县王其淦浚孟渎。"（［清］光绪《武进、阳湖县志·卷三·营建·水利》）

"孟渎、德胜、澡港三河，道光十年至十三年间陶文毅、林文忠先后奏借帑项二十二万余两，同时并浚，分十年摊征缴还，武、阳合摊五成，宜、荆、锡、金合摊五成。光绪十三年，武进县知县金详准援案，于武、阳两邑分忙摊征六万四千余串，开浚孟渎河，并声明俟德、澡并开，仍请援照五县协济成案办理。十四年三月，邑绅吴锡晋等联名禀请开浚德胜、澡港两河，查照上届成案，分饬宜、荆、锡、金分半摊捐。十八年正月，武进县知县朱又据邑绅马文植等请浚孟河中段，通禀各县请浚德、澡两河并孟河中段，变更摊捐办法为武进独摊五成，阳湖、锡、金、宜、荆共摊五成。是年八月，常州府桐禀以宜、荆、阳湖等县民力均有未逮，不愿协挑，并据锡、金二县禀称民情涸敝，请免摊征协济，奉藩司邓扎一体缓办。是年十月，委勘武阳河工周守莲禀复，拟将经费稍轻之，南运河先行筹款开挑，三河则缓，俟摊征集有成数再行办理。十九年七月，奉藩司邓水利总局扎委，王毓萍会同府县邀集士绅妥商筹议，嗣据武进县孙禀复武邑按亩摊征共可得钱五万六千余千，已足五成派数，并请提漕捐四年，又可得九千千文，合诸阳邑亩捐一万一千串、漕捐四千串，共可集钱八万串。是年十一月，邑绅恽思赞等呈称，小河口夹江坝下涨有新滩，十数年后可成田数千亩，三河岁修可资协济，摊捐可期永免。二十年三月，邑绅谢兰生等估浚三河工费共为十万九千二百六十三千有奇。是后，宜、荆、锡、金均不愿协济，往复禀呈至二十七年十月，武进县窦禀请以工代赈，开浚三河，并称三河大利有三：曰济漕运，曰通商贾，曰灌田畴。同时，并据邑绅恽祖祁等函禀兴挑南运河，同时武进县窦、阳湖县翁通禀三河并开，约共需钱十五万串，除历年摊征本息共九万一千六百余串外，再行禀准藩司，在于截漕折解拨赈项下拨钱两万串余，由锡、金、宜、荆、阳湖各县协济，另禀循照道光成案，仍归官督绅办并举，恽祖祁为总董，拟具章程出示，晓谕开工。二十八年七月，验收委员颜通禀分段验收，均称合法，共计收入钱九万零八百十二千二百十六文，支出钱十万零七百六十三千二百四十文，两抵不敷钱九千九百五十一千零二十四文。"（《武进年鉴·民国十六年度·地理丙·孟德澳南运河疏浚史》）

"以巨木长八尺，齿长二尺，列于木下，如杷状，以石压之；两旁系大绳，两端碇大船，相距八十步，各用滑车绞之，去来挠荡泥沙，已又移船而浚。"（《宋史·卷九十二·志第四十五·河渠二》）

"清雍正五年（1727），开通小河港（也叫新孟河）；光绪中期，用犁船至荫沙穿圩开浚，遂有新、老孟河之别。自小河港至运河段称新孟河，石桥向西至长江段称老孟河。因新孟河出江较近，河道径直，

舟楫、木筏均经此出入。"（《武进县志·水利·河道治理》，1988年10月第1版）

四、大运河以南河道

《武进、阳湖合志》记载，丹金溧漕河在清代得到多次疏浚，其中顺治六年疏浚1次，康熙年间疏浚2次。

常州南运河为宜兴、荆溪、溧阳运粮要道，长120里，乾隆年疏浚3次，嘉庆年疏浚1次，道光年疏浚3次。河道疏浚多由官府组织实施，也有民间发起的。例如，道光年间，溧阳县西三塔、昇平、南渡诸荡支流壅淤，影响农田灌溉，当地马场里有薛某与其他一些仗义的人，募集钱财和人工，对所有壅堵之处上下一律疏通，得到官府奖励。

光绪《武进、阳湖县志》记载，道光二十三年，浚张油车河、邵尧港。二十五年，浚三山港。同治十年，阳湖知县张清华浚焦垫镇河。十三年，阳湖知县吴康寿浚龙游河、上平桥河、梧桐河、三塘河、双泾河、兴龙桥河。光绪元年，阳湖知县吴康寿浚池家浜河，武进知县吴政祥浚郭沟河、碌磕坝河。二年，武进知县王其淦浚孟渎、南沟河。三年，武进知县王其淦浚司马河，阳湖知县吴康寿浚永安河、仁和浜河，修斗门塘坝。

清乾隆年间，通济河（古称大溪）与香草河、简渎河同时疏浚（见《金坛县志》1993年第一版，第209页）；光绪十八年（1892），又疏浚（见《常州水利志》，2001年编，第133页）。

"国朝顺治六年，知县金锻浚（丹金溧漕河）。康熙四年，河道都御史大开漕河，春月兴工，冬月继浚，而疏治不深，置土河侧［以两岸田亩系丹阳地，不得堆土也］，一经暴雨，土复归河，自是撩浅无虚岁矣。康熙十年，知县康万宁浚。"（［清］杨景曾修，于枋纂，《乾隆金坛县志·卷之一·水利·运河》）

"（乾隆）五年，知武进县赵锡礼浚南运河。"

"（乾隆）三十二年，知常州府潘恂督浚南运河。南运河为宜兴、荆溪、溧阳运粮要道，长一百二十里，界连三邑。"

"（乾隆）五十四年，常州府总捕通判胡灏督浚南运河。"

"（嘉庆十年）阳湖县石文涟浚南运河。"

"道光二年，武进县汪世樟、阳湖县张世桐浚南运河……雇夫开挑，其费六千余两。"

"（道光）九年，武进县赵怀锷浚南运河。自小龙嘴至仙堰桥，长二千二百四十余丈，费帑四千余两。"

"（道光）十六年，武进县知县吴时行浚南运河。捐廉浚之，费银三千余两。（以上9条引文均见［清］李兆洛、周仪晫，《武进、阳湖合志·卷三舆地志三·水利·国朝》）

"（道光）二十三年，浚张油车河、邵尧港。二十五年，浚三山港。""（同治）十年，阳湖知县张清华浚焦垫镇河。十三年，阳湖知县吴康寿浚龙游河、上平桥河、梧桐桥河、三塘河、双泾河、兴龙桥河、舜河。光绪元年，阳湖知县吴康寿浚池家浜河，武进知县吴政祥浚郭沟河、碌碡坝河。二年，武进知县王其淦浚孟渎、南沟河。三年，武进知县王其淦浚司马河，阳湖知县吴康寿浚永安河、仁和浜河，修斗门塘坝。"（［清］光绪《武进、阳湖县志·卷三·营建·水利》）

"自五堰下坝成，此患（水灾）以息。然浚治不时，则易涝而旱。道光间，县西三塔、昇平、南渡诸荡支流壅淤，灌溉无资。马场里薛某与里之嗜义者醵钱鸠工，于堑口上下一律疏瀹，农不病旱，事闻于长官，奖励有差。此庚申以前信而可征者也。戴埠大河自新桥涧口至于分水墩，沙淤水浅，舟楫难行。同治十二年，知县朱畯重浚凡五百九十六丈。谢达浒即前马荡……经兵燹后，各港口日渐淤塞。光绪丁亥戊子间复事疏浚，富者输钱，贫者输力，舟楫灌溉之利，民甚赖焉。"（［清］光绪《溧阳县续志·卷三·河渠志·水利》）

第二节 塘坝堰闸

一、塘坝

清代,金坛、溧阳两县遍布塘遏(蓄水塘)。民国《金坛县志》载,光绪十二年(1886)金坛县新开故成岗大塘。二十年修大芳峰东麓致和大塘,薛埠镇北木潭坝以及其他塘坝几十座,灌田达五、六千亩。二十八年修郑家庄塘。三十年修新塘。清代《溧阳县志》记载,山丘种稻地区,一般每10亩有蓄水塘1亩;平原地区也兴建塘坝,清光绪年间仍有主要塘坝35个。晚清,由于社会动荡,战乱不止,塘坝修建放缓,见于记载的修建工程不多。

"吴塘,在县东二十五里,梁吴游造,周三十里,半属丹阳界,半入金坛。东村、西槲有利,用坝厚生坝,以时蓄泄,田资灌溉。莞塘,在一都莞塘村,梁武帝大同间,南台侍御史谢贺之壅水为塘,后俱种莞,因名。单塘,在县东北二十八里,入丹阳境,齐单旻造。陈塘,与柘荡相连,约百亩。寄秧塘,在塘上,约二十余亩。洋塘,在西庄,约六十亩。俱七都。官塘,即大塘,在三都大塘村西,周一千五十丈。前塘,在路庄,约二十余亩。万年塘,在东南庄,九十六亩。杏甘塘,在杏甘村,约二十余亩。下衣塘,在路庄,约三十亩。黄塘,在后庄村东北,周四百七十丈。东塘,在薛家村西,周一百九十丈,明太祖洪武二十八年新开灌田,民赖其利,岁旱无忧。俱三都。鹅毛庄塘,在四都横堰西,周四百二十丈。东禅寺塘,在寺前官路旁,长周二百丈。小塘,在六都埠头,约二十余亩。万建塘,在七都吕洪村东,周一万八千丈。茅头塘,在朱巷村北,周三百七十丈。谢塘,在东谢村,约百亩,梁谢法崇新造。北资塘,旧志作北子塘,在斜桥村东,周二千一百五十丈。方基塘,在李家泾西,周三百五十丈。西长塘,在野田村东,周七百五十丈。东长塘,在莲荷村北,周一千二百五十丈。黄塘,在八都潘庄,约三百亩。时塘，八九都共，约之百亩。鹤塘，在九都观庄，约百亩。大塘，在十一都庄家西，周一千一百丈。神塘，在十三都史家田北，周一千一百丈。梁塘，在十三都汤家田西，周一千一百丈。官塘，在十八都庙基西，周二百五十丈。杨树塘，在二十都山下，周一百三十丈。南塘，在二十都山下，长一百二十丈。西塘，在二十一都山下，周一百十七丈。练塘，在二十三都人字图五巷村东北，约一百三十亩，因塘中滩如匹练而名。下有闸，春筑秋开，中有坝，则为上、中、下三塘，溉田数顷，水旱无忧，鱼菱之利甚饶。牛塘，在二十六都，明万历八年修筑。官塘，在二十六都水涧东，周六十丈。白水塘，在二十六都，约二十余亩。孔家塘，在二十六都山下，周四十丈。景塘，在二十九都，约千亩，即景家湾埠。上俱现存。南北谢塘，在县东南三十里，梁武帝普通中谢德威开。隋湮芜，唐高祖武德中谢元超重开，各灌田千余顷。白马塘，在金山乡。大湖塘、小湖塘，在登荣乡。西塘，旧志：在县西二十六都，与东塘同开。强塘，在游仙乡。列塘。已上俱未详，堙废之由俟考。东塘荡，在寒字图东塘之后。马巷塘，在黄字图马巷村东北。小洋塘，在黄字图塘北村西。"

"五河口，在官字图，五水汇于河口，其渊甚深，大旱不涸。小涧水，在翼字图，发源茅山之麓，至薛埠大中桥，迤数十里，溉田数千顷，今渐湮塞。麒麟涧，在衣字图，发源于大茅峰，相传曾有麟至，故名。"

"县南坝，在南水关下。元顺帝至元间，耆旧张桂等言，本县河道西北高仰，东南低洼，水势趋下，实难灌输，宜于太虚观前置坝，俱白于官，从之，至今便焉。庄家坝，在平湖门南右。菜塘坝，在二十都山下，长三十八丈。官塘坝二，在二十都山下，长十五丈。罗村坝，在二十都二图王筀村下，长二十丈。薛埠塘坝，在二十一都大路西，长十五丈。周家坝，在二十六都孔坟山南，长二十丈。后泥坝，在二十六都杨山之东，长十丈。石门塘坝，在二十六都山下，长十二丈。东石坝，在二十六都山下，长十五丈。运粮熊纪坝，在北乡柘塘圩，河迤逦十八里，外通运粮河，南北溉民田百余顷；道光十六年，里人高玉树倡捐建闸，以资蓄泄，备旱涝，今废。五溪坝，在官字图；张家边坝，在官字图；以上二坝，春筑秋开，县堂上有碑记。桑树坝，在翔字图，长约四五里，蓄水溉田，段岗村上下漫埠村，均赖以为利。横山坝、秀才坝、和尚坝，以上三坝，俱在薛埠镇西，蓄水溉田数千亩，今湮废。破塘坝，在薛埠镇南，周围十余里，今亦淤塞。唐陵坝，在乃字图新浮山中，长约五里许，溉田数百顷，今湮废。独头坝，在盐字图，光绪丁丑重建。大坝头、新坝，以上二坝，俱在凤字图。"

"北渚塘埂，在二都下塘村北，长二千六百十丈。上嘹堤岸埂，在八都大路东，长八十丈。观东堤岸埂，在八都大河北，长百丈。大云桥岸埂，在九都大河南，长四百十丈。后庄堤岸埂，在十都徐村北，长四百五十丈。后堰塘岸埂，在十一都大河南，长一千二百丈。翟庄桥岸埂，在十二都大河北，长一百二十丈。镇湖桥岸埂，在十二都洮湖东，长二百五十丈。下汤南岸埂，长三百六十丈，旧以障湖，人不病涉，久渐圮，今修筑。三八堰岸埂，在十二都船坊南，长三百丈。岸头桥岸埂，在钱资荡中东通走。周公桥岸埂，在钱资荡中通走。对公桥岸埂，在钱资荡中南。北荡门埂，旧时总名中堰埂，在平字图。"

"薛埠新河坝、三汊河坝（详见第八章第二节第一目）。东墟大桥坝，在县西二十里。顺治中，因每年冬运粮筑坝蓄水，土木维艰，兵备道袁大受、编修蒋超各助银若干，置田三亩二分，取土筑坝。生员蒋焕、里排李泸等呈请县令批准，勒石豁免里保一应杂项差徭，碑现存。七里桥坝，在运河七里桥闸内，每冬漕运水涸，筑坝蓄水。康熙四十一年，知县胡天授以地在丹阳，取土有阻挠者，详请上宪定例筑坝，漕毕乃开。"（以上5条引文均见光绪《金坛县志·卷之一·舆地志·水利》）

"陂塘之在县南者距十五里曰冯塘。在县西南者距六里曰香苗塘。又九里，陈、韩二塘在焉。距十九里曰宋塘，周三十五亩，在吴治岭之南。距三十七里曰石臼塘，形如石臼。距四十五里曰荆山塘，一名官塘。山之下，柏塘、燕塘。山之东，薄菏塘。又双涧桥之西，彭塘在焉。距四十七里曰庙塘，在义城山之南。其西为王塘。距五十里曰杨柳塘，周十亩。又得随有竹塘、白兔塘。从山有西滫塘，亦西南境也。在县西者距六十里曰丁家塘，周一百五十亩。在县西北者，距五十里曰真武塘。又二十里曰龙塘。上沛步之法司塘亦西北境也。在县北者距十里曰沙涨滫，一名滫塘。……距四十里曰虎塘，距七十里曰汤塘。又丫髻山官塘，有司浚之而民利焉，亦北境也。"

"（县西北）距五十里曰秀才坝，距五十二里曰西歧坝，距五十五里曰东文大坝，俱属永太区。在县北者距二十余里曰皇甫圩二十四闸，详见《水利总说》。距六十里曰官塘坝，曰盘龙堰，《建康志》作龙盘堰，云在檀口桥前，长一十步，口应石字之误也，详见桥下。"（以上2条引文均见［清］嘉庆《溧阳县志·卷五·河渠志·塘遏》）

二、堰闸

清代，各地修建的堰闸众多。康熙二十九年（1690），奔牛天禧闸重建，咸丰八年重修。据清乾隆三十年（1765）《武进县志》地图，天禧闸已经圮废，其旁保留下闸桥；道光十八年（1838），当地人建木桥于原闸基上，仍取名天禧。

雍正五年（1727）小河港（又称新孟河）开通时，建小河闸。清乾隆三十一年（1766），小河闸移建于石桥湾，道光十三年（1833）此闸又还建于小河镇。嘉庆七年（1802），魏村闸又重建。道光十年至十二年（1824），两江总督陶澍浚孟渎、得胜两河，并建闸座。

道光、光绪年间，武进、阳湖县见诸记载的闸堰有数十处。清光绪年成书的《金坛县志》《溧阳县志》记载，金坛、溧阳各有大闸10多座。

"（康熙）二十九年，重建奔牛天禧闸。"（[清] 道光《武进、阳湖合志·卷三舆地志三·水利·国朝》）

"清康熙二十九年（1690），重建为著名的"天禧闸"。民国时天禧闸和新孟河入大运河口的老宁闸已废弃不用。"（《武进县志·水利·涵闸工程》，1988年10月第1版）

"小河闸。初建于清乾隆三十一年（1766），为老闸最大者，闸室长8米，孔宽7.3米，翼墙东21米，西16米。"（《武进县志·水利·涵闸工程》1988年10月第1版）

"（道光）十三年（应为十年至十二年，详见本章第一节第三目），两江总督陶澍……浚孟渎、得胜、澡港（原文湾港）三河，并建闸座。"（《清史稿·卷一百二十九·志一百四·河渠四·直省水利》）

"怀德南乡，西闸[塘水入大河处也，康熙初年造，道光十七年重修]。怀德北乡，西河坝[跨西河洞]、转水墩。鸣凤乡，严家闸[在鸣凤河，西通蒋墅、丹阳，今废]、石塘堰[一名射雁塘，今废]、葫芦坝[上通江潮，下达滆湖，旧甚高广，历为江水冲决，卜弋桥冲倒数次。新浚孟河水势更急，里人苦之。鸠工筑高以复其旧，使水从池子湾出以杀其势，而桥得以巩固矣]、分水墩[在白鹤溪河口，西为句曲清水，东为江潮浊水，合流里许不杂]。钦风乡，下庄闸[通大河处]、徐荡闸[在徐荡西]、殷家闸[在殷荡西北]、判清闸、大钱荡闸[河干荡、西千荡及大小钱荡之水俱会于闸出口]、碌碡坝[在徐荡西五里，障一荡之水，为四方往来要道]。尚宜乡，黄泥坝[在东安镇东孟泾河口，邻湖多盗，筑以御之]。旌孝乡，闸河闸、泻干塘坝[俗名火烟山边塘，车垛地也]。依仁东乡，新闸[在桃花港]。依仁西乡，魏村闸[国朝嘉庆七年重建]。循理乡，西横河闸[在西横河口，旧址久废，乾隆二十九年重建]。通江乡，孟河闸[国朝康熙间重修，在孤城山西北，临大江，南流出运河]、小河闸[在小河巡检司北，案：国朝乾隆三十一年移建石桥湾，道光十三年仍建小河

139

镇，旧小河司在后小河村，今有署基三亩云］、延寿河闸［在水塔口商家村前］。大宁乡，王大闸［在后塘西南白茅塘，距芳茂山五里，山涧奔放，至慈墅会草塘河出口］、山下岸闸。安丰北乡，双庙闸、甘家闸［无锡县分界，两县各半座。三闸皆顺芙蓉圩东大堤上］、杨田闸［在芙蓉圩内，跨水道］、南湖沟闸、虎沟闸。安丰南乡，梅思闸［在芙蓉湖堤上，居民王道建。案：在朱家荡西，与芙蓉圩同建，为西南第一要口，夏秋两季，圩人日夜更值巡视，启闭有时，旱潦有备］、胡家闸［在梅思闸东，为芙蓉圩西南第二口］、龙潭闸［在龙潭村后］、潘家闸［在奖家荡左二闸，与梅思闸同建］。永丰东乡，王大闸［跨白茅塘，今废］、芦埠闸［跨芦埠港，今废为桥，俗呼坝头桥］。政成乡，湾塘闸。安尚乡，通济闸［东南接界沟，东北接鸭路港口，通运河］、鸭路港闸［俗呼沿塘闸，印马港东里许，北通运河，南接通济闸，东南通界沟、北阳湖］。迎春乡，永丰闸［在东钮］。"（［清］道光《武进、阳湖合志·卷三舆地志三·桥梁闸坝附》）

"（武进怀南乡），其闸坝有唐夏坝［道光间重修］、中荡坝、河头坝。……（怀北乡）有新闸［跨运河，唐时建，明末废］、西河坝。……（安西乡）有奔牛闸［明时建，国朝康熙间重建，咸丰八年重修］。……（鸣凤乡）有大坝闸、八角顶闸［又名千金闸］。……（钦凤乡）有下庄闸、徐荡闸、殷荡闸、判清闸、大钱塘闸、碌碡闸。……（尚宜乡）有黄泥坝。……（旌孝乡）有闸河闸［明万历间建］、泻千塘坝。……（依东乡）有万家闸［嘉庆十八年建］、小深河闸、小北河闸、小南河闸。……（依西乡）有魏村闸。……（循理乡）有西横河闸［乾隆二十九年重建］。……（通江乡）有孟河闸、小河闸［乾隆三十一年建，道光十三年重建］、延寿河闸。……（阳湖大宁乡）有王大坝、山下岸闸［又名兴隆闸，明万历十八年建］、黄天荡圩闸、顾沟闸、毛公坝［明万历三十六年建］。……（丰北乡）有双庙闸、甘家闸、杨田闸、湖沟闸、虎沟闸。……（丰南乡）有梅思闸、胡家闸、龙潭坝、潘家闸、小梅思闸、张思坝、中坝、小青坝。……（丰东乡）有永安闸、王洞闸。……（孝仁乡）有文成坝［明万历九年知府穆炜建，二十九年知府周一梧、知县晏文辉重修］。……（安尚乡）有通济闸、鸭路港闸［又名沿塘闸］。……（新塘乡）有大涧坝［光绪三年知县吴康寿建］、克老涧闸［光绪三年知县吴康寿建］。"（其余乡的闸、坝未见记载）"（［清］光绪《武进、阳湖县志·卷三营建·桥渡闸坝》）

"柘荡闸，在县北十里蒋家渡。""王问闸，俗名王门闸，在县西二十五里邢坞村，系直埠（一座小圩）启闭水利咽喉及江宁、句曲通衢。雍正十三年，闸座倾圮，知县朱元丰准圩长李魁先等呈请，估工料银一百三十六两零。乾隆二年，李魁先等领帑兴工重建，旱涝有备。"

"六吉闸，在北关外五里许运河西岸。储庄闸，在羌字图储庄村东南。吴岐闸，在戎字图吴岐村南，与储庄闸相通，所溉田亩甚多。前关闸，在化字一图沈渎桥南。后关闸，在沈渎桥北，两闸基址尚存，有待修造。下闸，望河埂，在平字图。"（以上2条引文均见光绪《金坛县志·卷之一·舆地志·水利》）

"永龙闸在永泰西庄村南，距县四十里。胡桥两石坝，距县十八里，南达石丘、荷叶诸坝，北达扁担河，龙盘、大石诸山水所必经，水盛砂壅，与埂并高，重为农田害。咸丰初，东面塞至长圩之转水潭，西面塞至大圩之木马港，东河陶家埠、西河陈家埠舟楫不通。乃履亩输资以浚之，东西各筑一石坝，以避砂害，以通水利。是役也，国子监生陶青绶、陈德新与有力焉。"（［清］光绪《溧阳县续志·卷三·河渠志·水利·塘遏》）

三、东坝复修

清道光二十九年（1849），上下两坝同时决口，"夏雨淫，田麦尽没，两月始平，水乡饥"。当时，合苏松常镇四郡之力以修复之，常州、溧阳县绅士负责此工程，参与组织者有数十人，溧阳负责人是董扬才。据说这次修复后，上下两坝由原来的土坝改为石坝，石坝高6丈，用了大量的石块。

"附修复东坝记略：道光二十九年（1849）夏，上江大水。五月二十六日高淳金堡圩民盗掘东坝，苏、松、常、镇诸府成巨浸，溧阳首当其冲，县绅同常州绅陈之总督，总督檄常溧绅董其役，溧则董扬才主之。上江石工南陵人筑西头，下江石工溧阳人筑东头，其中合龙处则上下江同筑。会董以事归，代者为方瀛，方故徽产徽人某属，于合龙处两石壁中，以三和土填之，坝益坚，三和土者曰黄土，曰石灰，曰砂，合而捣之，和以米汁，徽人用以治墓者也。坝既成，县之在事者凡数十人，并实事求是颇有裨于桑梓云。"（[清]光绪《溧阳县续志·卷三·河渠志·水利·塘遏》）

四、石龙嘴

明代以前，西蠡河水位高于京杭大运河常州段水位，因此其水流可以进入并越过江南运河经锁桥河、卧龙湾进入常州城内。

明洪武二十四年（1391），武进县疏浚烈塘，河深2丈，宽12丈，改名得胜（又名德胜）新河，在今新闸以西向北与长江相通。以后一直到清代，该河又多次大规模疏浚。整个明清时期，德胜河承担漕运功能，成为江南大运河体系的一部分。德胜河与长江的沟通，提高了新闸以东大运河的水位（无须新闸蓄水通航，因而导致新闸的废弃）。

明永乐元年（1403），胥溪复建上坝（宋代东坝，后废弃），后又增建下坝，常州与长江西来之水基本隔绝，西蠡河水势减弱，水位降低。

以上两个变化导致大运河上游的长江浑水进入西蠡河，常州城与西蠡河清水就此告别。清道光年间地方志记载，西蠡河水自龙舌尖分运河水南流。"南运河者，宜兴、荆溪、溧阳运渠也，自朝京门外龙舌尖分运河水南流，自丫河蠡渎口者旧名西蠡河，亦名浦阳溪，其水自北而南。《咸淳志》谓引荆溪之水入迎秋门者，误。"（[清]李兆洛、周仪暐纂，《武进阳湖合志·卷三舆地志三·水道·南运河》）实际上，《咸淳毗陵志》并没有说错，只是李兆洛所处的清代与南宋时相比，水情发生了变化。

这一水情变化导致石龙嘴出现。原先是西蠡河为大运河供水，后来变为大运河为西蠡河供水。为保证大运河通航，又要满足大运河与西蠡河通航，必须在两河交汇处建立一个分水的水利设施，使大运河水按一定比例泄入西蠡河，这个设施就是石龙嘴。

《武进阳湖县合志卷十三祠庙怀德南乡》记载："汇秀庵，俗名小龙嘴（即石龙嘴），明天启三年建。"此记载可以理解为汇秀庵建于明天启三年，也可理解为石龙嘴建于明天启三年。从明万历《常州府志》历数城内外的水利设施而没有提到石龙嘴的情况看，石龙嘴应建于明万历年以后。

中华人民共和国成立后，从1958年开始进行大规模的水利建设，大运河及周边相关河道特别是孟河、德胜河经过多次整治，充分保证了大运河通航的水源和水量。石龙嘴分水的历史使命完成。1976年3月16日，石龙嘴拆除。

第三节　圩　田　开　垦

至清代，常州、金坛、溧阳境内已圩田遍布。清代武进县、阳湖县、溧阳县均未见圩区的统计。光绪《金坛县志》记载全县有圩29个、埠（小圩）255个，共计284个，此应是不完全的记载（清代未见建昌圩修建记录）。

新中国建立初，武进县统计有大小圩区1213个，耕地19.88万亩，圩堤总长1898公里。据1957年的普查，溧阳全县当年有圩1606个，圩内耕地40多万亩（1948年为20余万亩），圩堤总长1870公里，这还是经过之前数年联圩、并圩后的数字。可以想见，在民国以前，溧阳所有田圩应当接近2000个。

"溧阳之田，高平少而下湿多，虽以西北永太区之北负丫髻、瓦屋诸山，而南濒后周大河者，皆围田也。奉安区之西逼曹姥、方芝诸山而东接崇来、南临三塔者,皆围田也,其四境之中央与北、东二面则围田,所在皆是,诚亦未易悉数。今以南北大河中分之[谓甓桥南下之河],地势最下者河东莫如永定之皇甫圩、下桂寿[附永东]之郎圩一带,河西莫如永定之赵圩、永西之古渎濑溪一带,此古中江深阔处,岁或甚潦,巨浸稽天。"([清]嘉庆《溧阳县志·卷五·河渠志·水利总说》)

一、芙蓉圩

清朝时,芙蓉湖已缩成不到 20 平方公里的小湖圩,只留下芙蓉镇、芙蓉山、蓉湖庄、莲蓉门、莲蓉桥等地名。

康熙十九年(1680)六月,大雨连绵,圩堤倾圮,庐舍漂流,圩民号呼求救。二十年,巡抚慕天颜修筑芙蓉圩岸。慕天颜亲临验荒,自己捐俸三千(两),先行赈济圩民,同时暂缓征收国税,又拨米数千石,招募民工修筑圩堤,以工代赈。圩堤修成后,较明朝增高三尺,其底面广阔与以前一样。

康熙三十三年(1694),巡抚宋荦重修芙蓉圩堤。此次由武进、无锡两县合作勘察商议,确定制度为:外堤五年一小修,十年一大修;内堤一年一小修,三年一大修,遵照正月起工旧例,通圩协力均办;三十五年(1696)起即每年修筑堤岸,圩民所有一切大小杂差概行免派,并勒石武进署前,又在周文襄祠中公示。

道光二十年(1840),大水破围,"全圩竟至沉落"。道光二十一年起连续三年(1841—1843),在知县张东甫主持下,请姚让庭、孟北溪两先生为修圩总董,圩民全力筑堤。一期工程从二十一年二月起工至四月告竣,统计实岸 3 180 丈,土方 2.8 万,役夫 5 000。二十二年、二十三年、二十四年,阳湖知县吴公、金公、文公继续修筑完善圩岸,设内闸,修大小围。二十五年,当地绅士余冰怀先生等请示知县黄公,劝令圩民每亩捐米 3 升修圩。二十六年春,培筑子岸,设立管理机构在周文襄祠中。整个修筑工程历时 5 年。道光二十六年四月,圩人公立《芙蓉大圩永禁碑》,订立八条永禁规则,"诸事明列规条,勒石永禁"。整个堤岸按旧制恢复,面宽 1 丈 8 尺、脚阔 2 丈 8 尺、高

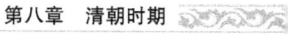

8尺，可五马并行。大围共设4处拨船坝，可拨船翻坝通行船只，并设旱闸定车基，根据地形界岸分区戽水，若内外水涨，即需全圩统一排水。

清光绪三十二年（1906）夏，武进大水，堤岸倒塌严重，芙蓉圩外港水位4.7米，圩内积水几乎与外河相平。官府首次向上海铸造局租借抽水机器排水。翌年，又对圩堤进行一次大修加固。（《江苏水利大事年表》）

"（康熙）二十年，巡抚慕天颜修筑芙蓉圩岸。上年六月，大雨连绵，圩堤倾圮，庐舍漂流，圩民号呼求救。公即亲临验荒，捐俸三千，先行赈给，题请灾粮捐十分之三外，缓至二十年开征，粮至冬带征，十八年粮米以麦代。又拨米数千石募民修筑，以代工赈，较前明原丈增高三尺，其底面广阔一如原丈。圩中水灾，是年最惨，公具有再造之功也。"

"（康熙）三十三年，巡抚宋荦重修芙蓉圩堤。自慕公修筑后，历久倾颓，圩民呈请修筑，因檄武无二县汇勘妥议，详请定例。外堤五年一小修，十年一大修；内堤一年一小修，三年一大修，遵照正月起工旧例通圩协力均办，旋于三十五年详请圩民每年修筑堤岸，所有一切大小杂差概行免派。勒石武进署前及周文襄祠中，后分隶入阳湖。再因康熙年间行均田法，雍正时改为顺庄，所有应免图分尚有舛错，恐书吏弊混，复于乾隆二十四年具请更正碑文。实在圩图只系九图半优免派役，重立石阳湖署前。黄天荡亦于康熙四十六年遵照芙蓉圩优免成例，立碑武署前，分县后亦于乾隆三十二年准其更正优免，共十三图，今碑存丰东永寿庵中，详见《赋役》。"（以上2个自然段引言均见于［清］李兆洛、周仪晫，《武进、阳湖合志·卷三舆地志三·水利·国朝》）

"道光二十年六月，大雨数日，夜水昼溢，圩民力防不支。十二日，锡邑界裂岸数十丈，全圩陆沉，风浪相鼓，残堤尽倾，民流徙无所，吁求邑侯、绅董救援。武林张东甫先生来宰斯土，甫下车即亲勘堤岸，洞烛民艰，协同绅董刘星垣、吕幼心、余立夫、瞿丽江、刘莲舫、谈惠庭诸先生恩赈义赈外，复设法裹济圩民，全活无算，顾济荒有策而筑堤无资，则圩田复成湖，毁者终毁矣。张公恻然，与乡董相筹，苦无巨款。前知河南汝州董后江先生闻之，倡捐钱八千缗，义举辐凑，为我圩筑堤资，并黄天荡等处亦分给焉。遂谕姚让庭、孟北溪两先生为我圩总董。二十一年二月起工，至四月告竣，统计实岸三千一百八十丈，土方二万八千，役夫五千，有余水口七百二十丈。木石兼施，工费繁大，张公亲莅其事，圩民感奋，围堤复完，是天欲毁之而赖挽回之力，得以不毁者也。是年春，雨连旬，圩田积水数尺，碍难播插，灾黎骚然，张公又偕绅董筹款，借敦仁堂稻谷为戽水资，禀郡守查公，移会锡邑设戽车千架，前后二十日，水势渐落，得以播插，无害圩民，散者复聚。使当日无此一举，则圩堤虽成而十室九空。夏水涨溢，防堵无人，成毁尚未可知，乌能苞桑复固，磐石终安。二十二、三、四年，邑侯吴公、金公、文公继之筑界岸，设内闸，修大小围，踵事增美。二十五年，绅士余冰怀先生等复请于邑侯黄公，谕令圩人每亩捐米三升。二十六年春，培筑子岸，设局文襄祠中，复加石水口，刊书勒碑，以葳一切善后事宜，遂得大成。"（[清]道光《芙蓉湖修堤录·卷一·颂德碑记》）

二、黄天荡圩

按《黄天荡修堤录》，清朝初年，黄天荡遭遇4次较大的水灾，一次在顺治辛卯（1651），一次在康熙庚戌（1670），第三次在康熙丙辰（1676），第四次在康熙甲戌（1694）。巡抚慕天颜，捐俸千金，赈济灾民，募工修筑荡圩。康熙四十六年（1707），章公来莅常州，就令修筑圩堤，并得到朝廷许可，参照沿塘沿江与芙蓉圩之例，优免一切差徭，以此用于每年春初增筑围堤，预防水潦；同年，遵照芙蓉圩优免的规定，立优免碑于武进衙署之前。乾隆三十一年，黄天荡民黄文元等呈请县衙，明确黄天荡内应免差徭版额田二万九千九十九亩。道光二十年后，又因大水灾，在郡、县官员的主持下，黄天荡圩与芙蓉圩同修。

"芙蓉湖与我乡黄天荡暨邻乡各小圩、邻邑马家圩等处,俱系僻壤低区,自道光三年及十一年以后,屡经水潦,各圩民不胜其困,而堤岸亦渐次倾颓。至二十年六月间,水灾尤为从来所未有。当时呼溺啼饥,情难言状,各圩围之破坏,遂若瓦裂而莫可补苴。幸赖郡、邑尊极意怜恤,劝谕各绅士捐资助赈,复得董太史后江慨助多金,于是救饥与援溺兼行,例赈与修堤并举,阅数月而次第告成。"
([清]道光《黄天荡修堤录·卷下·书后》)

三、皇圩

清康熙三年(1664),溧阳县又重修皇圩,圩内24荡代表曾立碑记之(碑已毁)。清雍正十二年(1734),皇圩又逐一兴修圩堤涵洞。(张新德纂,《溧阳县水利志》第四章第一节第一目"皇圩")

附录一
常州地区不同历史时期的水旱灾害

据20世纪90年代常州水利部门的不完全统计,从公元358年至1949年,常州地区共发生水灾118次,旱灾110次。据史书描述,干旱严重时,太湖干涸,滆湖流绝,旱蝗相继,"民食草根,树皮尽""民多疫,人相食";洪水之年,"民乏食""饿殍满路,积尸盈河""江潮泛滥""破圩堤,漂没田庐,淹毙牲畜,不可胜计,灾民嗷嗷待毙,惨不可言"。面对这些灾害,官府会予赈济,同时减免当年赋税,也会免除百姓历年积欠赋税。因为粮食短缺,官府也会下禁酒令。

一、东晋南北朝

从东晋时起,开始有晋陵自然灾害的记载。东晋南北朝时期,史书记载的较大自然灾害有以下一些。

1. 晋陵(毗陵,含晋陵、武进两县)

"(东晋)大兴三年(320),晋陵地震。"([南宋]史能之,《咸淳毗陵志·卷二十八·祥异》)

"建元元年(343),晋陵灾。"([南宋]史能之,《咸淳毗陵志·卷二十八·祥异》)

"晋康帝建元元年(343)七月庚申,晋陵、吴郡灾风。"([南朝]沈约,《宋书·卷三十四·五行五》)

"晋穆帝升平二年(358)五月,大水。是时桓温权制朝廷,征伐是专。升平五年四月,大水。晋海西太和六年六月,京都大水,平地数尺，侵及太庙。朱雀大航缆断，三舻流入大江。丹阳、晋陵、吴国、吴兴、临海五郡又大水，稻稼荡没，黎庶饥馑。"（［南朝］沈约《宋书·卷三十三·五行四》）

"太和六年（371），晋陵大水。""宁康二年（374），晋陵、义兴诸县水。"（［南宋］史能之，《咸淳毗陵志·卷二十八·祥异》）

"晋升平二年（358），晋陵等五郡大水，稻稼荡没，黎庶饥馑［见《晋志》］。太和六年，晋陵等郡大水［见《废帝纪》］。太元十七年六月甲寅，京口西浦涛入杀人［见《晋志》及《宋志》］。"（［元］脱因修，俞希鲁纂，《至顺镇江志·卷二十·杂录一·天文·旱干水溢》）

宁康二年（374），"夏四月壬戌，皇太后诏曰：'顷玄象或愆，上天表异，仰观斯变，震惧于怀。夫因变致休，自古之道，朕敢不克意复心，以思厥中？又三吴奥壤，股肱望郡，而水旱并臻，百姓失业，夙夜惟忧，不能忘怀，宜时拯恤，救其雕困。三吴义兴、晋陵及会稽遭水之县尤甚者，全除一年租布，其次听除半年，受振贷者即以赐之。'"（［唐］房玄龄，《晋书·卷九·帝纪第九·孝武帝》）

南朝宋元嘉七年（430）冬十二月，"吴兴、晋陵、义兴大水，遣使巡行振恤。"（［唐］李延寿，《南史·卷二·宋本纪中第二》）

"元嘉十七年（440），大水，诏百姓粮田种子，应督入者，悉除半。今年有不收者都原之。凡诸逋租优量申减，并禁估税烦刻。大明四年，大水，诏潦逋租入者，申至秋登。八年，除七年逋租。"（［清］道光《武进、阳湖合志·卷十一·食货志·蠲恤》）

"徐耕，元嘉末（453），郡饥，耕以米千斛助官赈，议者以方卜式诏褒美，除为令。"（［清］光绪《武进、阳湖合志·卷二十五·人物》）

"建元元年，诏长蠲南兰陵租布。永明四年，诏今年户租三分，二取见布，一分取钱。来岁以后，远近诸州输钱处，并减布直，匹准四百，依旧折半，以为永制。"（［清］道光《武进、阳湖合志·卷十一·

149

食货志·蠲恤》)

齐建武二年（495）"十二月丁酉，诏曰：'旧国都邑，望之怅然。况乃自经南面，负扆宸居，或功济当时，德覃一世，而茔垅颓秽，封树不修，岂直嗟深牧竖、悲甚信陵而已哉？昔中京沦覆，鼎玉东迁，晋元缔构之始，简文遗咏在民，而松门夷替，埏路榛芜。虽年代殊往，抚事兴怀。晋帝诸陵，悉加修理，并增守卫。吴、晋陵二郡失稔之乡，蠲三调有差。'"（［南朝梁］萧子显，《南齐书·卷六·本纪第六·明帝》)

"大同十年（544）三月，谒园陵，诏所经县邑，无出今年租赋。监所责民，蠲复二年。"（［清］道光《武进、阳湖合志·卷十一·食货志·蠲恤》)

南朝陈大建十二年（580），"十一月己丑，诏曰：'朕君临四海，日旰劬劳，思弘至治，未臻斯道。而兵车骤出，军费尤烦，刍漕控引，不能征赋。夏中亢旱伤农，畿内为甚，民失所资，岁取无托。此则政刑未理，阴阳舛度，黎元阻饥，君孰与足？靖言兴念，余责在躬，宜布惠泽，溥沾氓庶。其丹阳、吴兴、晋陵、建兴、义兴、东海、信义、陈留、江陵等十郡，并诸署即年田税、禄秩，并各原半，其丁租半申至来岁秋登。'"（［唐］姚思廉，《陈书·卷五·本纪第五·宣帝》)

2. 金坛

此时未有金坛建置，现金坛地域属延陵县，南朝时曾属南徐州。

"（宋）元嘉二十一年（444），禁酒。"（［清］乾隆《镇江府志·卷之十四·恤政》)

"宋大明四年（460），南徐南兖州大水（见《宋志》）。"（［元］脱因修，俞希鲁纂，《至顺镇江志·卷二十·杂录一·天文·旱干水溢》)

"（宋）大明五年（461），诏南徐兖水潦，逋租米入者申至秋

登。""齐建元二年，诏长蠲南兰陵租布。"（[清]乾隆《镇江府志·卷之十四·恤政》）

"宋大明六年（462）八月，月入南斗魁中，占曰吴越有忧。明年，扬南徐州大旱，田谷不收，民流死亡。"（[宋]史弥坚修，卢宪纂，《嘉定镇江志·卷二十一·祥异·天文》）

齐武帝永明五年（487），"秋七月戊申，诏'丹阳属县建元四年以来至永明三年所逋田租，殊为不少。京甸之内，宜加优贷。其非中赀者，可悉原停。'八月乙亥，诏'今夏雨水，吴兴、义兴二郡田农多伤，详蠲租调。'"（[南朝梁]萧子显，《南齐书·卷三·本纪第三·武帝》）

3. 溧阳

"晋义熙五年（409）五月癸巳，雨雹"（[清]嘉庆《溧阳县志·卷十六·杂类志·瑞异》）

宋文帝元嘉十二年（435），"六月，禁酒。师子国遣使朝贡。丹阳、淮南、吴、吴兴、义兴大水，都下乘船。己酉，以徐、豫、南兖三州，会稽、宣城二郡米谷百万斛，赐五郡遭水人。秋七月辛酉，阇婆娑达、扶南国并遣使朝贡。八月乙亥，原除遭水郡诸逋负。"（[唐]李延寿，《南史·卷二·宋本纪中第二》）

"晋成帝咸和四年（329），会稽吴兴宣城丹阳大水，复（免除）租税三年。宋文帝元嘉十二年（435）六月，丹阳淮南吴兴义兴大水，赐米谷百万斛。八月，原除诸郡逋负。齐武帝永明五年（491）七月，诏原丹阳属县积年逋租。陈宣帝大建十二年，亢旱；诏丹阳、吴兴、晋陵兴、义兴、东海等十郡即年田赋禄秩各原半，其丁租半，申至来岁秋登。"（嘉庆《溧阳县志·卷六·食货志·蠲恤》）

二、隋唐时期

唐代以后，史书和各种地方志书对水旱灾害的记载较前略多（唐代以前史料缺乏）。近人缪启愉先生根据历史资料统计，唐宋元明清各代，太湖流域发生水灾的频率是：唐朝20年1次，北宋6～7年1次，南宋4～9年1次，元朝3～5年1次，明朝3～7年1次，清朝4年1次。另据《江苏省志·地理志·干旱灾害·建国前的干旱灾害》的记载，太湖流域1000年来共发生旱灾236次，平均每隔4.2年出现1次，前500年共发生旱灾62次，平均每隔8年发生1次；后500年共发生干旱174次，平均每隔2.9年发生1次。太湖流域连续发生干旱灾害年份较雨涝灾害为少，连续2～3年的较多。旱灾连续5年以上的有明嘉靖二十三年至二十七年（1544—1548），共5年；明崇祯八年至十七年（1635—1644），共10年；清康熙五十九年至雍正三年（1720—1725），共6年。据统计，从1062年至1948年的887年中，太湖水涸共发生7次。

1. 常州（含晋陵、武进）

"（唐）永徽元年（650）六月，宣、歙、饶、常等州大雨，水溺死数百人。"（《新唐书·志第二十六·五行志三·水不润下》）

唐贞元六年（790），"是夏，淮南、浙东西、福建等道旱，井泉多涸，人渴乏，疫死者众。"（《旧唐书·本经第十三·德宗下》）

元和十一年（816），"京畿水害田，润、常、湖、衢、陈、许大水。"（《旧唐书·本纪第十五·宪宗下》）

（元和）十一年（816）五月，"京畿大雨，害田四万顷，昭应尤甚，漂溺居人。衢州山水涌，深三丈，坏州城，民多溺死。浮梁、乐平溺死者一百七十人，为水漂流不知所在者四千七百户。润、常、湖、陈、许等州各损田万顷。"（《旧唐书·志第十七·五行》）

太和七年（833），"冬十月……辛酉，润、常、苏、湖四州水，

害稼。"(《旧唐书·本纪第十七·文宗下》)

（南唐）升元六年（942），"六月，常、宜、歙三州大雨，涨溢。"（［宋］陆游，《南唐书·卷一·烈祖本纪》）

2. 金坛

"唐永贞元年（805），润、池、扬、楚等州旱。［见《顺宗纪》］元和四年（809）十一月，浙西苏、润、常州旱俭。［见《宪宗纪》］元和七年（812）夏，扬、润等州旱；十一年，润、常、湖、陈、许五州水害稼。［并见《唐志》］太和七年（833）十月辛酉，润、常、苏、湖四州水，害稼。［又见《文宗纪》］大中十二年（858），舒、寿、和、润等州水，害稼。"（［元］脱因修，俞希鲁纂，《至顺镇江志·卷二十·杂录一·天文·旱干水溢》）

开元九年（721），"秋七月……丙辰，扬、润等州暴风，发屋拔树，漂损公私船舫一千余只。"（《旧唐书·本纪第八·玄宗上》）

"唐玄宗开元九年（721），暴风雨发屋拔木。德宗贞元八年五月，大水。"（［清］光绪《金坛县志·卷之十五·杂志上·祥异》《民国重修金坛县志·卷十二·杂记志·祥异》）

"唐德宗贞元八年（792）令，扬、楚、卢、寿、滁、润、苏、常、湖等州百姓因水患不能自存，委宣抚抚绥赈给，其死者各加赐物，官为收敛埋瘗。"（［清］光绪《金坛县志·卷之四·赋役志下·惠政·赈济》《民国重修金坛县志·卷四·赋役志·蠲振》）

3. 溧阳

溧阳旧志不见记载。以下是《新唐书》关于宣州灾害的记载，因为此时溧阳在大部分时间中隶属宣州，可以作为参考。

"永徽元年（650）六月……宣、歙、饶、常等州大雨，水，溺死者数百人。"

"贞元四年（788）二月……宣州大雨震电，有物堕地如猪，手足各两指，执赤班蛇食之。顷之，云合不复见。近豕祸也。"

"（元和）九年（814）秋，淮南及岳、安、宣、江、抚、袁等州大水，害稼。"

"宝历元年（825）秋，荆南、淮南、浙西、江西、湖南及宣、襄、鄂等州旱。"

"咸通十年（869），宣、歙、两浙疫。"

"（大和）四年（830）夏……浙西、浙东、宣歙、江西、鄘坊、山南东道、淮南、京畿、河南、江南、荆襄、鄂岳、湖南大水，皆害稼。"

"（大和）七年（833）秋，浙西及扬、楚、舒、庐、寿、滁、和、宣等州大水，害稼。"（以上7条引文均见《新唐书·五行志》）

三、宋元时期

宋代及以后，史书和地方志对自然灾害的记载比过去要多，内容也详细一些。南宋时，金坛出现由私人经办的赈灾粥局的确切记载。南宋嘉定二年（1209），刘宰在金坛首创私人粥局，救济被遗弃的儿童。嘉定十七年（1224）四月，金坛灾民成群，饿殍遍野，刘宰再次设立粥局，雇役工数十，历时56天，每日有1.5万饥民受粥充饥。绍定元年（1228），他三设粥局，接济乡民，并得到同乡王遂的资助。端平元年（1234），他调零任直宝漠阁，不久升任太常丞。不久后，又辞官回家乡居住30年。回乡后，他又置义仓，创义役。还带头捐款修建桥梁，县城文清桥（现北新桥）就是他捐款建成的。

遇灾害，各地会出现以邻为壑的情况。至元二十九年（1292），浙西上游洪水倾泄，而太湖下游淀山湖豪强地主绝水筑堤，绕湖为田，下流阴滞，导致武进东南圩田受灾。

1. 常州（含晋陵、武进）

以下关于常州灾害的记载，有的条目仅记载常州，有的条目同时记载溧阳、金坛或江宁（建康）、镇江，可作为金坛、溧阳情况的参考。其中重大灾害有：宋熙宁七年（1074），大旱，太湖涸，见墓坟街市。绍兴元年（1131），枯桔生穗，大疫。淮南、京东西民流常州者多殍死。隆兴二年（1164），常州饥，七月，大水浸城郭，坏庐舍圩田军垒，操舟行市者累日，人溺死甚众；越月，积阴苦雨，水患益甚。乾道元年（1165）春，行都、平江、镇江、绍兴府、湖、常、秀州大饥，殍徙者不可胜计。庆元元年（1195）春，常州饥，民之死徙者众。庆元六年（1200），大旱。五月，常州大旱，水竭。冬大饥，待食饥民达 60 万众。嘉定十六年（1223）五月，江、浙、淮、荆、蜀郡县水，平江府、湖、常、秀、池、鄂、楚、太平州、广德军为甚，漂民庐，害稼，圮城郭、堤防，溺死者众。

（1）《宋史·五行志》的记载

太平兴国七年（982），"四月，耀、密、博、卫、常、润诸州水，害稼。"

元符元年（1098），"河北、京东等路大水。二年六月，久雨，陕西、京西、河北大水，河溢，漂人民，坏庐舍。是岁，两浙苏、湖、秀等州尤罹水患。"

"（绍兴）三十二年……六月（1162），浙西郡县山涌暴水，漂民舍，坏田覆舟。"

"政和五年（1115）六月，江宁府、太平、宣州水灾。八月，苏、湖、常、秀诸郡水灾。"

"（宣和）六年（1124）秋，京畿恒雨。河北、京东、两浙水灾，民多流移。"

"（绍兴）二十七年（1157），镇江、建康、绍兴府、真、太平、

155

池、江、洪、鄂州、汉阳军大水。(二十八年)九月，江东、淮南数郡水。浙东、西沿江海郡县大风、水，平江、绍兴府、湖、常、秀、润为甚。"

"(隆兴)二年（1164）七月，平江、镇江、建康、宁国府、湖、常、秀、池、太平、庐、和、光州、江阴、广德、寿春、无为军、淮东郡皆大水，浸城郭，坏庐舍、圩田、军垒。操舟行市者累日，人溺死甚众。越月，积阴苦雨，水患益甚，淮东有流民。"

"乾道元年（1165）六月，常、湖州水坏圩田。"

绍熙五年（1194），"八月辛丑……平江、镇江、宁国府、明、台、温、严、常州、江阴军皆水。"

"(嘉定)十六年（1223）五月，江、浙、淮、荆、蜀郡县水，平江府、湖、常、秀、池、鄂、楚、太平州、广德军为甚，漂民庐，害稼，圮城郭、堤防，溺死者众。"（以上10条引文均见［元］脱脱等，《宋史·卷六十一·志第十四·五行一上·水上》）

"(嘉祐)六年（1161）七月，河北、京西、淮南、两浙、江南东西霪雨为灾。"

"淳熙二年（1175）夏，建康府霖雨，坏城郭。三年（1176）五月，淮、浙积雨损禾麦。八月，浙东西、江东连雨。癸未、甲申，行都大风雨。九月，久雨；十月癸酉，孝宗出手诏决狱，援笔而风起开霁。……十一年（1184）四月，淫雨。戊寅，建康府、太平州大雨霖。……十六年（1189）五月，浙西、湖北、福建、淮东、利西诸道霖雨。"

"乾道元年（1165）二月，行都及越、湖、常、润、温、台、明、处九郡寒，败首种，损蚕麦。二年正月，淫雨，至于四月。夏寒，江、浙诸郡损稼，蚕麦不登。三年五月丙午，泉州大雨，昼夜不止者旬日。八月，淫雨，江浙淮闽禾、麻、菽、麦、粟多腐。"（以

上3条引文均见［元］脱脱等，《宋史·卷六十五·志第十八·五行三·木》）

"咸平元年（998）春夏，京畿旱。又江浙、淮南、荆湖四十六军州旱。二年春，京师旱甚。又广南西路、江、浙、荆湖及曹单岚州、淮阳军旱。三年春，京师旱。江南频年旱。四年，京畿正月至四月不雨。"

"（大中祥符）三年（1010）夏，京师旱。江南诸路、宿州、润州旱。"

"（熙宁）八年（1075）……八月，淮南、两浙、江南、荆湖等路旱。"

"（绍圣）四年（1097）夏，两浙旱。"

"（乾道）七年（1171）春，江西东、湖南北、淮南、浙婺秀州皆旱。"

"绍兴二年（1132），常州大旱。帝问致旱之由，中书舍人胡交修奏守臣周祀残酷所致，寻以属吏坐赃及杀不辜，窜岭南。……十九年，常州、镇江府旱。二十四年，浙东、西旱。二十九年二月，旱七十余日。秋，江、浙郡国旱。三十年……秋，江、浙郡国旱，浙东尤甚。"

"（淳熙）二年（1175）秋，江、淮、浙皆旱，绍兴、镇江、宁国、建康府，常、和、滁、真、扬州、盱眙、广德军为甚。三年夏，常、昭、复、随、郢、金、洋州，江陵、德安、兴元府，荆门，汉阳军皆旱。……五年，常、绵州、镇江府及淮南、江东西郡国旱，有事于山川群望。……七年，绍兴、隆兴、建康、江陵府，台、婺、常、润、江、筠、抚、吉、饶、信、徽、池、舒、蕲、黄、和、浔、衡、永州，兴国、临江、南康、无为军皆大旱。……八年正月甲戌，积旱始雨。七月，不雨，至于十一月：临安、镇江、建康、江陵、德安府，越、婺、衢、严、湖、常、饶、信、徽、楚、鄂、复、昌州、江阴、南康、广德、兴国、汉阳、信阳、荆门、长宁军及京西、淮郡皆旱。十年六月旱，至于七月，江淮、建康府，和州，兴国军，恭、涪、泸、合、金州、南平军旱。十四年……临安、镇江、绍兴、隆兴府，严、常、湖、秀、衢、婺、处、明、台、饶、信、江、吉、抚、筠、袁州，临江、兴国、建昌军皆旱，越、婺、台、处、江州，兴国军尤甚，至于九月，乃雨。"

绍熙四年（1193）八月，"镇江、江陵府，婺、台、信州，江西、淮东旱。五年春，浙东、西自去冬不雨，至于夏秋，镇江府，常、秀州，江阴军大旱。"

"（庆元）六年（1200）四月，旱；五月辛未，祷于郊丘、宗社。镇江府、常州大旱，水竭，淮郡自春无雨，首种不入，及京、襄皆旱。"

"嘉泰元年（1201）……浙西郡县及蜀十五郡皆大旱。二年春，旱，至于夏秋。七月庚午，大雩于圜丘，祈于宗社。浙西、湖南、江东旱，镇江、建康府，常、秀、潭、永州为甚。四年五月，不雨，至于七月。浙东西、江西郡国旱。"

"开禧元年（1205）夏，浙东、西不雨百余日，衢、婺、严、越、鼎、沣、忠、涪州大旱。二年，南康军、江西、湖南北郡县旱。三年二月，不雨；五月己丑，祷于郊丘、宗社。"

嘉定二年（1209），"浙西大旱，常、润为甚。……八年春，旱，首种不入……至于八月乃雨。江、浙、淮、闽皆旱。……十一年秋，不雨，至于冬，淮郡及镇江、建宁府、常州、江阴、广德军旱。十四年，浙、闽、广、江西旱。"

"嘉熙元年（1237）夏，建康府旱。三年，旱。四年，江、浙、福建旱。"

"咸淳六年（1270），江南大旱。"（以上14条引文均见［元］脱脱等，《宋史·志第十九·五行四·金》）

"景德元年（1004），江南东、西路饥。二年，淮南、两浙、荆湖北路饥。三年，京东西、河北、陕西饥。"

"天禧元年（1017），饥。三年，江、浙及利州路饥。"

"熙宁四年（1071），河北旱，饥。六年，淮南、江东、剑南、西川、润州饥。七年，京畿、河北、京东西、淮西、成都、利州、延、常、润、府州，威胜、保安军饥。"

"崇宁元年（1102），江、浙、熙河饥。"

"绍兴元年（1131），行在、越州及东南诸路郡国饥。淮南、京东西民流常州、平江府者多殍死。二年春，两浙、福建饥，米斗千钱。时馈饷繁急，民益艰食。"

"（隆兴）二年（1164），平江府，常、秀州饥，华亭县人食秕糠。行都及镇江府、兴化军、台、徽州亦艰食。淮民流徙江南者数十万。"

"乾道元年（1165）春，行都，平江、镇江、绍兴府，湖、常、秀州大饥，殍徙者不可胜计。"

"淳熙元年（1174），浙东、湖南、广西、江西、蜀关外皆饥，台、处、郴、桂、昭、贺尤甚。二年，淮东西、江东饥，滁、真、扬州，盱眙军、建康府为甚。是岁，镇江、宁国府，常州、广德军亦艰食。"

"绍熙五年（1194）冬，亡麦苗。行都、淮、浙西东、江东郡国皆饥，常、明州、宁国、镇江府、庐滁、和州为甚，人食草木。"

"庆元元年（1195）春，常州饥，民之死徙者众。楚州饥，人食糟粕。淮、浙民流行都。三年，浙东郡国亡麦，台州大亡麦，民饥多殍。襄、蜀亦饥。四年秋，浙东西荐饥，多道殣。六年冬，常州大饥，仰哺者六十万人。润、扬、楚、通、泰州、建康府、江阴军亦乏食。"

"嘉泰元年（1201），浙西郡国荐饥，常州、镇江、嘉兴府为甚。"

"（嘉定）二年（1209）春，两淮，荆、襄、建康府大饥，米斗钱数千，人食草木。淮民刲道殣食尽，发瘗胔继之，人相搤噬。流于扬州者数千家，度江者聚建康，殍死日八九十人。是秋，诸路复大歉，常、润尤甚。"

"咸淳七年（1271），江南大饥。"（以上13条引文均见［元］脱脱等，《宋史·志第二十五·五行五·土》）

(2)《元史·五行志》的记载

"（至元）二十九年（1292）……六月，镇江、常州、平江、嘉兴、湖州、松江、绍兴等路府水。"

"元贞元年（1295）五月，建康溧阳州，太平当涂县，镇江金檀、丹徒等县，常州、无锡州，平江长洲县，湖州乌程县，鄱阳余干州，常德沅江、澧州安乡等县水。……（二年）六月……建康、太平、镇江、常州、绍兴五郡水。"

"（至元）三年（1266），大都及济南、蕲州、杭州、平江、绍兴、溧阳、瑞州、临江饥。"

"（至元）二十四年（1287）……十二月，苏、常、湖、秀四州饥。"

"大德四年（1300）……九月，建康、常州、江陵等郡饥。……（七年）（1303）六月，浙西饥。……九年（1305）三月，常、宁州饥。"

至顺元年（1330）闰七月，"杭州、常州、庆元、绍兴、镇江、宁国等路，望江、铜陵、长林、宝应、兴化等县水，没民田一万三千五百余顷。"

"至顺三年（1332）……五月，常、宁州饥。"（以上7条引文均见《元史·卷五十·志第三上·五行一》）

(3)《元史·本纪》的记载

大德元年（1297）十一月，"常州路及宜兴州旱，并赈之"。五年，"常州蝗"。（《元史·成宗本纪》）

元统二年（1334）三月"庚子，杭州、镇江、嘉兴、常州、松江、江阴水旱疾疫，敕有司发义仓粮，赈饥民五十七万二千户。"（《元史·顺帝本纪》）

(4)《武进、阳湖合志·五行志》的记载

"（宋）熙宁八年（1075），大旱，太湖涸，见墓坟街市［《宋史·五行志》：是年八月，两浙路旱］。"

"绍兴元年（1131），枯桔生穗，大疫。淮南、京东、西民流常州者多殍死。二年，常州大旱，帝问致旱之由，中书舍人胡交修奏守臣周祀残酷所致，寻以属吏坐赃及杀不辜，窜岭南。五年八月，常州水。十九年，常州旱。"

"（绍兴）二十八年（1158），浙西大风水灾，常州为甚。"

"（隆兴）二年（1164），常州饥，七月，大水浸城郭，坏庐舍圩田军垒，操舟行市者累日，人溺死其众。越月，积阴苦雨，水患益甚。"

"淳熙二年（1175）秋，常州旱，艰食。三年，水涝。五年，旱。七年，常州大旱。八年，常州旱。十四年，常州旱。（十六年）八月，常州水。"

"绍熙五年（1194），浙西自去冬不雨，至于夏，常州大旱。饥，人食草木。"

"庆元元年（1195）春，常州饥民之死徙者众。"

"（庆元）六年（1200）五月，常州大旱，水竭。冬大饥，仰哺者六十万人。"

"嘉泰元年（1201），常州饥。二年，常州大旱。蝗自丹阳入武进，若烟雾蔽天，其堕亘十余里，常之三县捕八千余石。"

"嘉定二年（1209）夏，常州大旱。秋，大歉。七年，大蝗。十二年，常州旱，蔬麦皆枯。十六年，常州水，漂民庐舍，害稼，坏城郭堤防，溺者甚众。"

"天历二年（1329）四月，常州路饥。"

"至顺三年（1332）九月，常州路大水。"（以上12条引文均见［清］道光《武进、阳湖合志·卷四·五行志》）

2. 金坛

除《金坛县志》的记载外，《宋史·五行志》《元史·五行志》还有润州、镇江灾害的记载，金坛当时属润州、镇江管辖，也可以参考。

"宋太宗淳化五年（994），水。高宗绍兴三年（1133），水。绍兴二十九年，水。孝宗乾道元年，水伤蚕麦。宁宗嘉定十六年，大水。元成宗元贞元年（1295）五月，水。"（［清］光绪《金坛县志·卷之十五·杂志上·祥异》）

"（大中祥符）三年（1010）夏，京师旱。江南诸路、宿州、润州旱。"（《宋史·卷六十六·志第十九·五行四·金》）

"宋真宗大中祥符三年（1010），旱。孝宗淳熙二年（1175），大旱；五年，旱。光宗绍熙四年（1193），旱，自六月不雨至于八月。五年，旱。宁宗庆元六年（1200），大旱。嘉泰二年（1202），大旱，春不雨至于秋。嘉定二年（1209），大旱。七年秋不雨至于冬蔬麦皆枯。元成宗大德元年（1297），大旱。武宗至大元年（1308），旱。泰定帝（应为文宗）天历元年（1328），旱。"

"元成宗元贞元年（1295）五月，水。"（以上2条引文均见［清］光绪《金坛县志·卷之十五·杂志上·祥异》）

"大德元年（1297）……九月，镇江丹阳、金坛二县旱。"

大德六年（1302）"七月，大都涿、顺、固安三州及濠州钟离、镇江丹徒二县蝗。"

至治三年（1323）"十一月，镇江丹徒、沅州黔阳县饥……（泰定）二年（1325）四月，杭州、镇江、宁国、南安、浔州、潭州等路饥。"（以上3条引文均见《元史·卷五十·志第三上·五行一》）

"元文宗天历元年（1328），蝗。"（［清］光绪《金坛县志·卷之十五·杂志上·祥异》）

元统二年（1334）"五月，镇江路水。"

元统四年（1336），"兴化、邵武、镇江及湖南之桂阳皆旱。……六年，镇江及庆元奉化州旱。……十一年，镇江旱。"

元统五年（1337）"十二月乙丑，镇江地震。"（以上3条引文均见《元史·卷五十一·志第三下·五行二》）

3. 溧阳

清代《溧阳县志》记载的溧阳水旱灾害很少。《宋史·五行志》《元史·五行志》有关于江南、江东灾害的记载。因溧阳在宋代先后属江南路、江南东路管辖，可以参考。

"（太平兴国）九年（984）夏，京师旱。秋，江南大旱。"（《宋史·卷六十六·志第十九·五行四》）

"（绍圣）三年（1096），江东大旱，溪河涸竭。"（《宋史·卷六十六·志第十九·五行四》）

"（熙宁）八年（1075）……八月，淮南、两浙、江南、荆湖等路旱。"（《宋史·卷六十六·志第十九·五行四》）

"（绍兴五年）……六月，江东、湖南旱。七年……六月，又旱，江南尤甚。……二十九年……秋，江、浙郡国旱。三十年……秋，江、浙郡国旱，浙东尤甚。"（《宋史·卷六十六·志第十九·五行四·金》）

"（嘉祐）六年（1161）七月，河北、京西、淮南、两浙、江南东西霪雨为灾。"（《宋史·卷六十六·志第十九·五行三》）

"隆兴二年（1164）"七月，浙西、江东大雨害稼。"（[元]脱脱等，《宋史·卷六十五·志第十八·五行三·木》）

"（嘉泰）三年（1203）四月，江南郡邑水害稼。"（《宋史·卷六十六·志第十九·五行一》）

"宋熙宁六年（1073）大旱。"

"咸淳六年（1270），大旱。"（以上2条引文均见[清]嘉庆《溧阳县志·卷十六·杂类志·瑞异》）

"（至元）三年（1273），大都及济南、蕲州、杭州、平江、绍兴、溧阳、瑞州、临江饥。"

"元贞元年（1295）五月，建康溧阳州，太平当涂县，镇江金檀、丹徒等县，常州无锡州，平江长洲县，湖州乌程县，鄱阳余干州，常德沅江，澧州安乡等县水。二年……六月……建康、太平、镇江、常州、绍兴五郡水。"（以上2条引文均见《元史·卷五十·志第三上·五行一》）

四、明清时期

明清时期，史书和地方志记载的自然灾害较为完整详细。从这些记载的情况看，有的灾害相当严重，导致灾民大批死亡。清代地方志书中有专门的"恤政""惠政"内容，记载历代朝廷对灾民进行赋税蠲免的情况。

1. 常州（含武进、阳湖）

史书及常州、武进、阳湖地方志记载明、清两朝各种灾害数百次。明清时，许多地方灾荒连年，炊烟几绝，鱼米之乡甚至出现"地无芳草树无皮"

的景象。其中较大的水旱灾害有：景泰四年（1453），秋，大旱，人相食。嘉靖二十二年、二十三年、二十四年、二十五年连年大旱，三十三年（1554），又大旱，滆湖流绝，人行如市。万历二十二年（1594），溪鱼上升，虫灾；二十三年、二十四年皆水灾。崇祯十一年（1638）、十二年、十三年、十四年、十五年连续大旱，河涸，大疫，水赤如血，稻生蟓，米贵，每石银三两余，饿殍载途。康熙十八年（1679），旱，疫，大饥，是岁饥馑瘟疫洊臻，米价涌贵，民间食草根树皮，即糠粃亦不可得，户多死亡，饿殍载道。

道光二十九年（1849）武进、金坛、兴、江等二十六府县遍及全太湖流域，夏，大雨，自四月至五月不止，东坝、下坝并决。宣歙，水阳诸水建瓴而下，数百里圩岸尽淹没，高低田均无收。灾害之重，甚于道光三年。又据民国十七年《太湖水利季刊》二卷一期载：是年，高淳金堡圩民掘东坝排港，苏、松、常、镇顿遭严重水灾，七月赶筑土坝，十一月建造上、下两石坝，至咸丰元年竣工，用银一万八千两。（《常州水利志·大事记》，2001年编）

"（洪武）四年（1371），陕西、河南、山西及直隶常州、临濠、北平、河间、永平旱。"（《明史·卷三十·志第六·五行三》）

"洪武二十年（1387），旱，河竭。六月丁未、戊申大雨，水涨溢，伤稼。三十四年（建文三年）地震飞蝗翳空。建文四年，地震，蝗。永乐三年（1405），大水。米腾贵，震泽溢。命夏元吉巡视江南水利。宣德四年（1429），旱，民饥，诏免田租。九年孟夏，旱，秋大水。诏免田租。""正统五年（1440），旱。八年夏，旱。秋，大水。巡抚侍郎周忱以闻诏，免田租一万五千余石。"（［清］康熙《常州府志·卷之三·星野祥异》）

"敕行在工部右侍郎周忱，得奏镇常苏松等府，潦水为患，农不及耕，心为恻焉。今遣员外郎王瑛往视就斋敕谕。"（［明］成化《重修毗陵志·卷第五·诏令·正统踏勘水灾敕》）

"景泰四年（1453），秋，大旱，人相食。抚按劝令富民出粟赈贷，视其多寡，旌赏有差。十二月，大雪，树介，冰厚尺余。天顺四年（1460），常州水，免田租十六万七千余石。成化四年（1468）六月，旱，水涸，运河几绝流，命廷臣按视免租之被害者。"（[清]康熙《常州府志·卷之三·星野祥异》）

"成化十七年（1481），（武进）春夏旱。秋八月，蝗。八月十五日蝗自北而来，食草木几尽。是日大雨如注，漂没民居，人多溺死。是岁大祲，民饥。"（[清]道光《武进、阳湖合志·卷四·五行志·明》）

"（弘治）七年（1494），七月，潮溢，平地水深五尺，沿江者一丈，民多溺死。"（[清]道光《武进、阳湖合志·卷四·五行志·明》）

"（弘治）十六年（1503）夏，京师大旱，苏、松、常、镇夏秋旱。""（弘治）十八年……九月癸巳，杭、嘉、绍、宁四府地震，有声。甲午，南京及苏、松、常、镇、淮、扬、宁七府，通、和二州，同日地震。"（《明史·卷二十八·志第四·五行》）

"明正德五年（1510）十一月，水。"（[清]道光《武进、阳湖合志·卷四五行志·明》）

"（正德）六年（1511）春夏，疫，民有灭门者。"（[清]康熙《常州府志·卷之三·星野祥异》）

"（正德）七年（1512），凤阳、苏、松、常、镇、平阳、太原、临、巩旱。"（《明史·卷二十八·志第四·五行》）

嘉靖三年（1524）"二月辛亥，苏、常、镇三府地震。"（《明史·卷二十八·志第四·五行》）

"（嘉靖）四年（1525）大水，虫复伤稼。五年（1526）旱。七年旱，蝗，勘灾蠲免。""十四年，旱。"（[清]康熙《常州府志·卷之三·星野祥异》）

"（嘉靖）二十二年（1543）秋，旱，湖涸成圻。震泽涸成圻，江南斗米银二钱。二十三年夏四月，雨雪，秋大旱。二十四年，大旱，蝗。是年旱更甚，至明年二月雨。二十五年，旱。""三十三年（1554），大旱。涡湖流绝，人行如市。六月，雨雹，大如拳。""四十年，雨雹，大水，雹大如瓦，水深及丈，平地成川，浸没田亩。十月水始平。秋七月，地震。"（[清]道光《武进、阳湖合志·卷四·五行志·明》）

万历三年（1575）九月，"苏、松、常、镇四府俱水。"十九年七月，"宁、绍、苏、松、常五府滨海潮溢，伤稼淹人。"（《明史·卷二十八·志第四·五行》）

"万历六年（1578），虫灾，知府穆炜将积谷减粜赈饥。万历八年、九年皆大水，十一年水灾。蠲免十分之三。"（[清]康熙《常州府志·卷之三·星野祥异》）

"（万历）十五年（1587）水灾，民食草根树皮俱绝。蠲免银米，停征漕折。秋七月，震泽溢。"（[清]康熙《常州府志·卷之三·星野祥异》）

"是年武进、阳湖等二十余县，几遍及全太湖流域，夏五月至秋七月淫雨不止，江湖泛滥，田园崩裂，禾稼漂没。"（《太湖水利史》，1964年版）

"七月，丁未，飓风骤雨数月不息，洪水暴涨，漂民庐舍。"（[清]道光《武进、阳湖合志·卷四·五行志·明》）

"（万历）十六年旱灾。十七年大旱。十八年五月雹伤麦，六月旱。"（[清]康熙《常州府志·卷之三·星野祥异》）

"（万历）十六年，大旱、疫。是岁马迹山有虎为患。十七年，大旱，涡湖、运河俱涸。"（[清]道光《武进、阳湖合志·卷四·五行志·明》）

"（万历）二十二年（1594）正月朔，溪鱼上升，虫灾。二十三年、二十四年皆水灾，二十六年一岁两灾，兵道彭国光、知府边有猷发谷赈饥。""三十一年，烈风雨，雹伤麦，发谷给赈。""三十六年（1608），三月二十九至五月二十四日淫雨不止，竟成陆海，抚按发库银一万二千两，籴米贮仓平粜以济民艰。""四十五年（1617），蝗。去秋蝗种复于二月滋生，知府刘广生设法捕捉，坑杀殆尽。至五月复自他境飞集，府县分遣各官督民役扑捉捕蝗，来献者计户给钱。武进共坑杀蝗虫二十五万五千二十六石。是岁蝗不为灾。"（［清］康熙《常州府志·卷之三·星野祥异》）

"（天启）四年夏，大水，舟行桥上，麦禾尽没，无遗种。""天启六年夏四月八日，天鼓鸣，大旱。秋八月朔，风灾。七年秋八月，蝨虫伤稼。"（［清］道光《武进、阳湖合志·卷四·五行志·明》）

"崇祯十一年（1638）夏四月，风灾；六月，旱；秋八月，蝗。""十三年夏，旱，李生瓜，秋蝗，大饥。"（［清］康熙《常州府志·卷之三·星野祥异》）

"（崇祯）十一年（1638）夏四月，风灾。六月，旱。秋八月，雨粟，形如青黄麦。十二年夏五月，旱，蝗。十三年夏，旱，李生瓜。秋，蝗，大饥。十四年，旱，蝗，疫，米贵，每石银三两余，饿殍载途。十五年，河涸，大疫。三月，水赤如血。六月，稻生蟓。"（［清］道光《武进、阳湖合志·卷四·五行志·明》）

"（顺治）八年（1651），水，疫，斗米四钱。夏四月九日大水。""十二年春正月七日，地震，大水。"

"康熙七年（1668）夏六月，武进、无锡、宜兴地震，生白毛。""（康熙）十八年（1679），旱，疫，大饥，是岁饥馑，瘟疫洊臻，米价涌贵，民间食草根树皮，即糠粃亦不可得，户多死亡，饿殍载道，至明年夏始稍息……本年，地丁钱粮应蠲者加免一分。三分者免四分，二分者免三分，一分者免二分。""（康熙）十九年（1680）夏六月，武进、无锡大水。大雨二十余日，城市可以行舟，乡村稍低者悉荡没无遗。""（康熙）二十九年（1690）夏，大旱。时五月六月两月无雨。郡守于公琨设坛西庙，率僚属绅士于寅未二时竭诚步祷，每日不辍。六月十五日，甘霖大沛，西成犹得半焉。……冬，大寒。贫民多冻毙，千百年大木亦多枯死。"（以上 2 条引文均见［清］康熙《常州府志·卷之三·星野祥异》）

"康熙四十七年（1708），大水，圩田淹没，高田大熟。"

"乾隆三年（1738），大旱，秋，大风，湖水涸，一日而复。六年七月，山水大涨，秋禾被淹。二十年，大旱，赤地无苗，八月陨霜杀谷，米石四千，麦三千，大饥。五十一年春，大饥，疫，饿殍相望，米石五千，麦四千。""乾隆五十年（1785）春不雨，夏大旱，籽粒无收。米石三千，麦二千。"

"嘉庆十三年（1808），大水。""清嘉庆十九年（1814），春夏不雨。五月，塘河涸，大旱，赤地无苗，地生白毛，长者五六寸。"

"清道光三年（1823），夏五月，大霖雨。舟行入市，低田成巨浸，如湖荡，民以鱼为粮，高乡大熟，亩三石，石四千钱。二十年夏六月，昼夜雨旬日，舟行入市，低田俱成巨浸。"（以上 4 条引文均见［清］道光《武进、阳湖合志·卷四·五行志·国朝》）

"道光二十年（1840）梅雨，以时插秧并易。五月杪，青苗绣陌，或然可观，农民慰甚。六月初，雨霪水涨，转喜为忧。圩人蚁聚，围堤防堵，如御大敌。初八日，大雨如注，堤裂数处，合圩抢筑，缺而复完。旋圩外山多发蛟，水益泛溢。初十日，锡邑范家庄村前裂数十处［丈］，众号泣驰救。圩外有好义者，驾木筏囊［裹］筑。无如人力难施，全圩竟至陆沉。扶老携幼，避居圩外，哭声震天，数日夜不绝。更有地方恶棍，纠合匪类，藉水抢掳，要劫一空，惨不忍言。庐舍浸水，低者过半扉，高者亦数尺不等，兼之狂风鼓浪，倾倒十之七八。大围未裂，残堤亦遭风崩塌，无复完所。况我圩既破，四面各圩亦成汪洋一片，滔天气势，相望皆惊。圩中十室九空，间有守户不去者，架木为巢，亦相对无人色。余家十数口，寄居高阜亲串处，惟长孙守户，日仅一炊而已。"（《芙蓉湖修堤录·卷一·破围筑围记》）

"咸丰六年（1856）夏大旱。地生毛。秋蝗。"（［清］光绪《武进、阳湖县志·卷二十九·杂事祥异》）

"清咸丰六年（1856）的大旱。全太湖流域大旱。自五月不雨至八月，河湖皆竭。秋，飞蝗蔽天，高低田均灾，大饥。"（《太湖水利史》，1964年版）

"清道光二十年六月（1840年7月），连续降雨十昼夜，县城街上能航船，低田尽没。道光二十一年春季，连续降雨近一月，三麦歉收。夏季大水。道光二十九年闰四月十二日（6月28日），倾盆大雨，田禾尽淹，民众受饥。清同治四年五月（1865年6月），大霖雨。同治七年水灾，民众受饥。同治八年水灾，田禾被淹。清光绪元年（1875）大水，田禾被淹。光绪九年水灾。光绪十一年夏，淫雨，麦受损。光绪十五年，江南太湖流域雨涝成灾。光绪二十七年，江南雨涝，沿江沙洲成灾，淹没圩田。光绪三十二年大水，丁堰东街淹没，大批农田被淹。清宣统元年（1909）涝。宣统三年雨涝，沿江受灾。"

"清道光二十二年（1842），春无雨，麦歉收。清咸丰六年（1856）大旱。清同治十年（1871）旱，荒田。同治十一年旱，荒田。同治十二年旱，庄稼歉收。清光绪二年（1876）旱，秋季作物歉收。光绪三年三至五月（4~6月）久晴不雨，旱。光绪五年旱。光绪十四年夏旱。光绪十七年旱。光绪十八年旱。光绪二十四年旱。"

"清道光二十二年冬至日（1842年12月22日）夜，大雷、闪电、雨、雹齐下。清咸丰十年闰三月十五日（1860年5月5日），大雨、雹，并降雪。清同治四年正月庚戌（1865年2月9日），大雷、闪电、雨、雹。同治十年四月十三日（5月31日），雨、雹。同治十二年八月（9月），大雨及雹伤禾。清光绪五年闰三月十二日（1879年5月2日），大雨、雹，定东、安尚两乡豆、麦受损。"（以上3条引文均由见《常州市志·地理环境自然灾害》，中国社会科学出版社，1995年10月第1版）

2. 金坛

清代、民国地方志记载当地明代水灾 26 次，清代（至光绪元年）水灾 24 次；记载明代旱灾 15 次，清代（至光绪五年）旱灾 26 次。其中，较大灾害有：明正德元年（1506）、二年大旱，河底生尘，草木焦枯。次年，饿殍塞道。知县梁国宝挖万人坑，募人舁瘗之。武宗正德五年（1510）五月，狂风淫雨，经月不止，公私庐舍墙垣倾圮殆尽，暴涨滔天，漂溺不可胜数。三十九年大水。四十年尤甚，低乡民居水至半壁，籽粒无收。自后，连大水者六年。神宗万历五年（1577），大水；七年夏，大水；八年尤甚，低乡民居水至半壁，水退后仅高之田稍种穄稷，霜早尽萎无收，民有菜色；二十四年，先旱后大水。父老谓不减嘉靖四十年。熹宗天启四年（1624），三月淫雨连四月，麦食呕；五月大水，坏屋庐，倒圩岸，平地水深数尺，舟行田塍，经入村市，父老言较万历三十六年水浮一尺，是年大祲。崇祯元年（1628）秋，大旱；六年秋，大旱；十一年夏旱，秋大旱，洮湖水竭；十三年夏秋大旱，岁大祲，石米价三两零，民死无算。康熙十年（1671）、十七年（1679）、十八年（1680）俱大旱，籽粒无收。

"明英宗正统五年（1440），大水。"

"景帝景泰五年（1454），大水。"

"宪宗成化五年（1469），大水。八年，大水。十七年（1481），先旱后潦，斗米百钱。"

"孝宗弘治元年（1488）、二年，大水；七年、八年，水。"

"弘治十六年（1503），大旱。"

"正德元年（1506）、二年大旱，河底生尘，草木焦枯。次年，饿殍塞道。知县梁国宝挖万人坑，募人舁瘗之。"

"武宗正德五年（1510）五月，狂风淫雨，经月不止，公私庐舍墙垣倾圮殆尽，暴涨滔天，漂溺不可胜数。六年、七年，大水，十一年大水，十五年大水。世宗嘉靖二年，春夏大旱，处暑后大水，高低皆灾，斗米银二钱。十一年，大水。二十二年，大水。二十八年大水。三十一年大水。三十七年大水。三十九年大水。四十年尤甚，低乡民居水至半壁，籽粒无收。自后，连大水者六年。"

"嘉靖二十三年（1544），（金坛）大旱，至二十五年四月方雨，洮湖生尘。二年之内，斗米银二钱。三十八年，大旱，河水竭。"

"神宗万历五年（1577），大水。七年夏，大水。八年尤甚，低乡民居水至半壁，水退后仅高之田稍种穄稑，霜早尽萎无收，民有菜色。二十四年，先旱后大水。父老谓不减嘉靖四十年。三十六年，大水。"

"万历十七年（1589），大旱。"

"熹宗天启四年（1624），三月霪雨连四月，麦食呕。五月大水，坏屋庐，倒圩岸，平地水高三尺，舟艇行田塍，径入村市，父老言较万历三十六年水浮一尺，是年大祲。"

"天启六年（1626）春，久不雨，洮湖水竭，秋九月大旱，地坼。岁大祲，人食树皮，有饥死者。七年秋，大旱。"

"崇祯元年（1628）秋，大旱。六年秋，大旱。十一年夏旱，秋大旱，洮湖水竭。十三年夏秋大旱，岁大祲，石米价三两零，民死无算。十四年旱，岁大祲，石米银四两，欲鬻其身者无售。十五年夏六月旱。"

"顺治八年（1651），大水。"

"康熙十年（1671）夏五月，大旱，至七月始雨，年大祲。十七年、十八年俱大旱，籽粒无收。康熙四十六年（1707），大旱。五十三年，旱。六十一年，大旱。"

"康熙十五年（1676）五月，大水，麦被浸；六月大水，低乡至秋不得插莳。十九年，大水。四十七年，大水。"

"雍正元年（1723）、二年，旱。"

"雍正十二年（1734），大水，漕船得泊城下。"

"乾隆二十年（1755），大水。二十六年，水。三十一年，水。三十四年，水。"

"乾隆三十三年（1768），大旱。四十年，大旱。四十三年，旱。五十年，大旱。"

"嘉庆五年（1800），水。九年，水。"

"嘉庆十二年（1807）旱。十三年大旱，自夏不雨至秋八月，湖圩见底，高阜田禾未插，低乡插而黄萎，岁大饥，设粥以待饿者。十九年，大旱，与十三年同，民饥，仍设粥。二十四年、二十五年，旱。"

"道光三年（1823），大水，稻谷歉收。十一年，大水。十三年秋八月至十月，风雨阴寒，田禾秀而不实，岁大饥。二十年，大水，夏四月阴雨连旬，五月大雨五昼夜，水势暴涨。建昌圩堤决，村落水及扉上，六月渐退，高阜仅得半收，斗米四百余钱，岁大饥。二十九年，大水，夏四五月间，淫霖不止，二麦朽坏，禾苗被淹。又，太湖淤涨，下流不通，积潦至秋未退。父老云，水势较二十年稍杀，而民饥尤甚，斗米五百余钱。三十年，水。"

"道光十五年（1835），大旱，河塘皆涸，岁饥。"

"咸丰六年（1856）夏，大旱，夏五月不雨，至八月初旬雨，河湖沟荡皆竭。"

"同治四年（1865），水；七年、八年，水。"

"同治十二年（1873），自秋徂冬旱，河水竭。"

"光绪元年（1875），水；三年，水。"

"光绪五年（1879），大旱，夏至不雨，至秋分雨，高阜成灾。"
（以上29个自然段引文均见［清］光绪《金坛县志·卷之十五·杂志上·祥异·旱灾》《金坛县志·卷之十五·杂志上·祥异·水灾》）

"（明）景泰六年（1455），三县大旱，蝗，丹阳尤甚。"

"万历二十四年（1596），三县先旱后大水，金坛尤甚，父老以为（大水）不减嘉靖四十年。"

"顺治九年（1652），大旱。"

"康熙十七年，春淫雨，夏秋旱。康熙十八年，三县大旱，民屑

榆树皮食。"（以上4条引文均见［清］乾隆《镇江府志·卷之四十三·祥异》）

"（光绪）十五年（1889）夏，大水，秋尤甚。二十七年，大水，圩堤冲决，设局筹赈。三十二年，大水，设局赈济。宣统元年、二年、三年均大水。"（［民国］《重修金坛县志·卷十二之二·杂记志下·祥异·水灾》）

"（光绪）十六年（1890）、十七年均旱，十八年大旱，设局赈济。二十一年、二十六年皆大旱。"（［民国］《重修金坛县志·卷十二之二·杂记志下·祥异·旱灾》）

3. 溧阳

清代地方志记载明、清两朝溧阳水旱灾害约100多次。其中，较大灾害有：嘉靖二十三年（1544），大旱，自六月至九月不雨；二十四年（1545）复大旱。万历七、八年（1579、1580），俱大水；十六年（1588），大旱；十七年（1589），复大旱，疫。崇祯十一年（1638）至十四年连岁大旱，湖圩见底，飞蝗遍野；十五年，大疫。康熙三年（1664），大水；七年，大水；九年，大水；十一年、十五年，复大水。道光三年（1823），大水，民饥；二十二年春，大雨雹。二十九年夏，淫雨，田麦尽没，两月始平，水乡饥。

"明洪武二十年（1387），大旱；六月，大雨；二十九年，复大旱。"

"永乐三年（1405），大水。"

"正统八年（1443），夏旱，秋涝。"

"景泰六年（1455），大旱，民饥有疫。"

"成化四年（1468）夏，大旱，水竭。十七年春夏，大旱；七月，大雨水溢。十九年正月，大雪七日，树介。"

"正德三年（1508）秋，大旱。五年（1510）七月，大水。十四年、十五年复大水。"

"嘉靖二年（1523），大旱。民多饥死。七年，复大旱。十四年，旱，蝗蔽野。十五年夏，雨雹大如斗，牛马多击死。二十三年（1544），大旱，自六月至九月不雨。二十四年复大旱。二十八年大水。三十八年，复大旱。三十九年冬大雪，树介，禽鸟多冻死。四十年，大水。"

"万历七、八年（1579、1580），俱大水。……十六年（1588），大旱。十七年（1589），复大旱，疫。三十六年，大水。"

"（天启）四年（1624），大水。"

"崇祯十一年（1638）至十四年连岁大旱，湖圩见底，飞蝗遍野。十五年，大疫。"

"国朝顺治五年（1648），大雨雹，二麦无秋（收）。……七年，大水。八年二月十八日，雷雨，昼晦；夏，大水。"

"康熙三年（1664），大水。……七年，大水。""九年，大水。十一年、十五年，复大水。""十八年，大旱。十九年……大水。""二十二年，春水泛滥，二麦无收。三十二年、三十七年，俱秋涝，伤禾。四十一年秋，大水，圩田灾。四十六年秋，大旱，高田灾，圩田半收。四十七年秋，洪水泛滥，漂荡民房。""五十三年夏秋，大旱，伤禾。五十五年夏秋，大水。六十年秋，大旱，断流半月。六十一年秋，大旱，蝗蝻遍野。"

"雍正元年（1723）秋，大旱，蝗。四年秋，大水，圩田灾。……十二年夏秋，大水，圩田灾。"

"乾隆二年（1737）秋，大水，圩田灾。三年秋，大旱，高田灾，圩田半收。……五年四月，雨雹伤麦。六年，圩田被水，补种歉收。八年，水淹田一十九万八千余亩。二十年，八分水灾。二十六年、三十一年，俱五分水灾。三十三年，七八分旱灾不等。三十四年，被水三分有余。四十年，七八分旱灾不等。四十三年，五七分旱灾不等。五十年，七分旱灾，有蝗，走而不飞。"

"（嘉庆）十二年（1807），旱灾五分。"（以上15个自然段引文均见[清]嘉庆《溧阳县志·卷十六·杂类志·瑞异》）

"嘉庆十八年（1813）春正月，雨雹。十九年夏，旱，大疫，地生白毛。二十年夏五月，飞蝗蔽天而过不为灾。"

"（道光）三年（1823），大水，民饥。……二十二年春，大雨雹。……二十九年夏，淫雨，田麦尽没，两月始平，水乡饥。"

"（咸丰）六年（1856）春三月……大旱，地生白毛。秋蝗，民饥。……（同治）四年七月夏，水。七年秋八月，大雨雹。"

"光绪元年（1875）秋，水。""三年，自三月至五月不雨，夏五月蝗。""（十五年）九月，连雨四旬，伤禾。""十七年，自春徂夏，旱；六月，大霖雨；夏秋复有疫。十八年夏秋，旱有蝗。""二十二年夏，大水；秋旱。"（以上4个自然段引文均见［清］光绪《溧阳县续志·卷十六·杂类志·瑞异》）

"光绪二十八年（1902），旱。三十一年（1905），涝。三十二年（1906）大江南北水灾，圩乡淹。宣统元年（1909），大溪埂倒决，西乡一片汪洋。三年（1911），涝。"（《溧阳县志》，1992年12月第一版，第150页）

附录二

常州地区不同历史时期的水系示意图

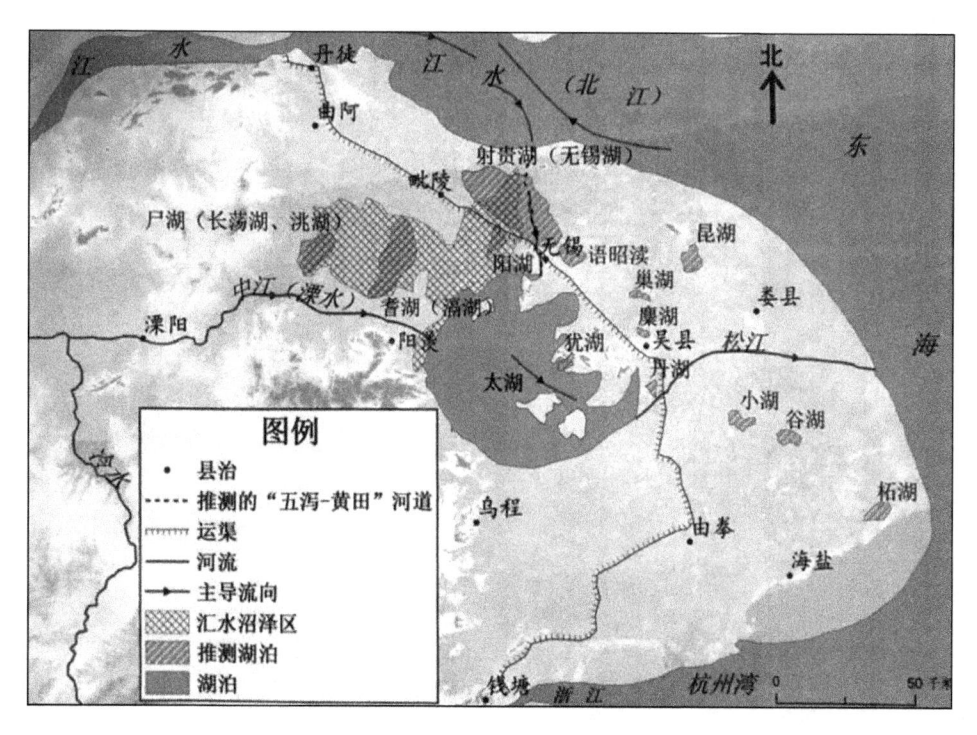

东汉时期太湖流域水系示意图（引自《历史地理研究》2003年第2期康翊博文）

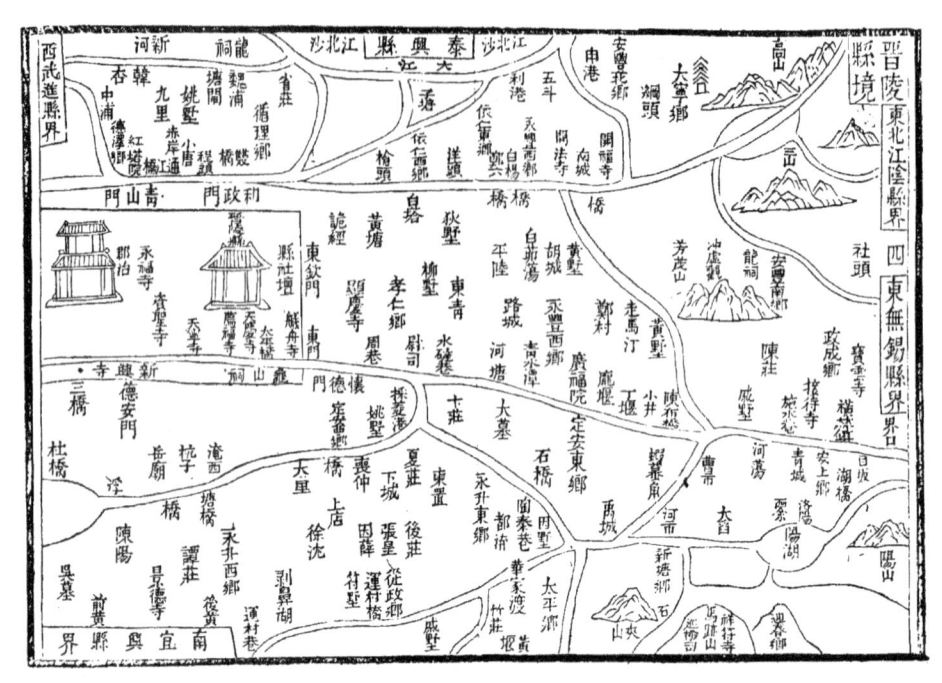

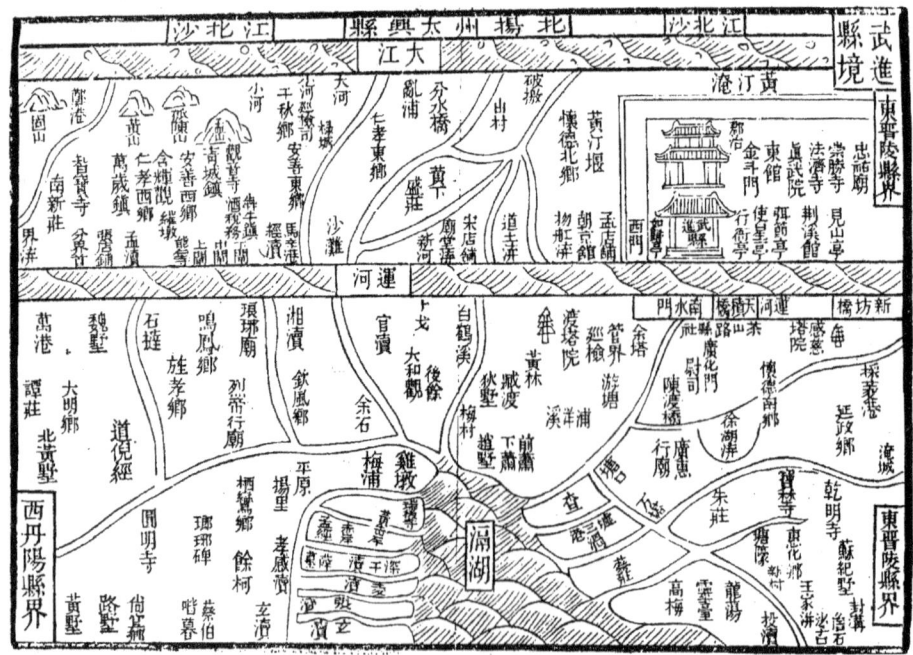

南宋末年常州周边水系示意图（宋《咸淳毗陵志》载）

附录二　常州地区不同历史时期的水系示意图

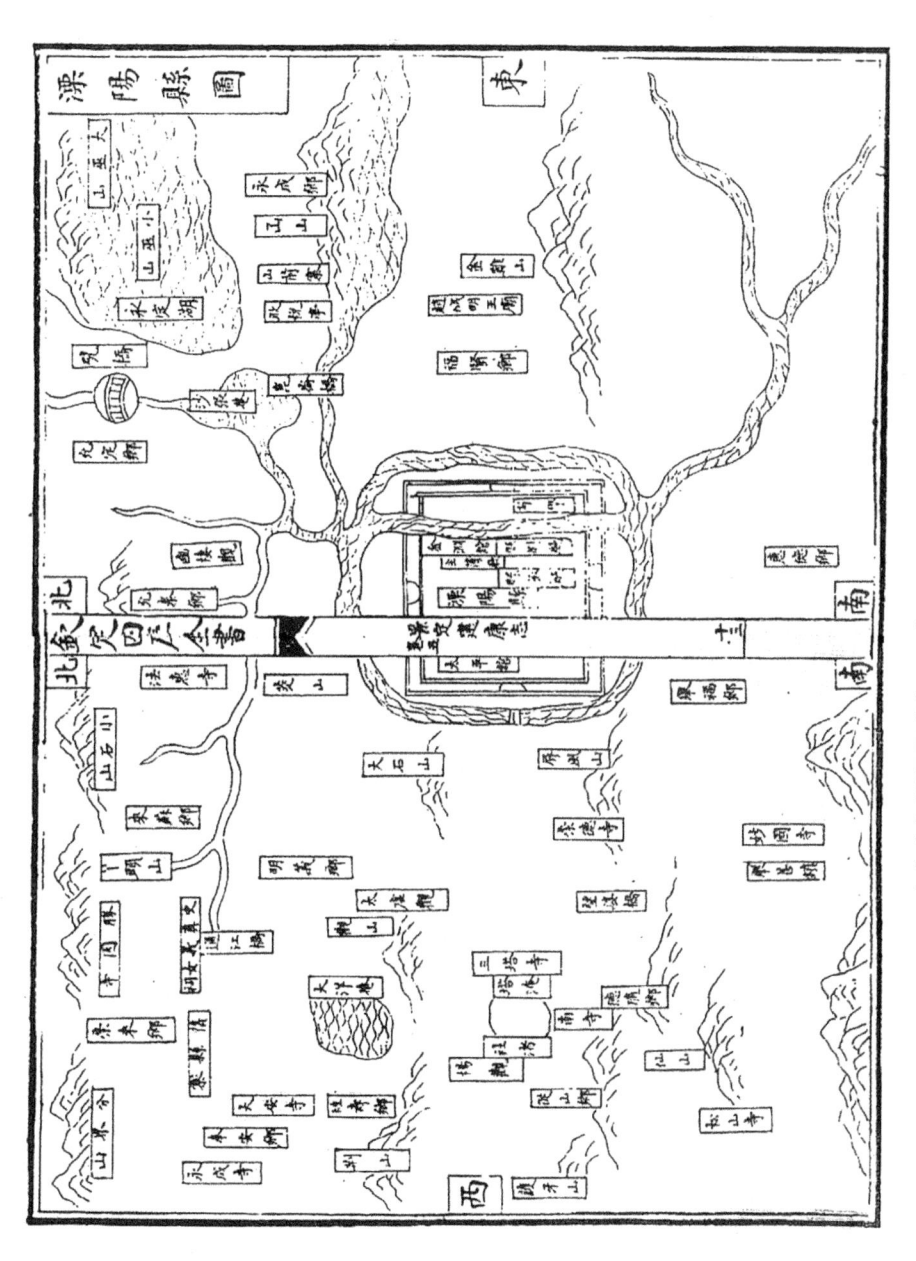

南宋末年溧阳县域水系示意图（宋《景定建康志》载）

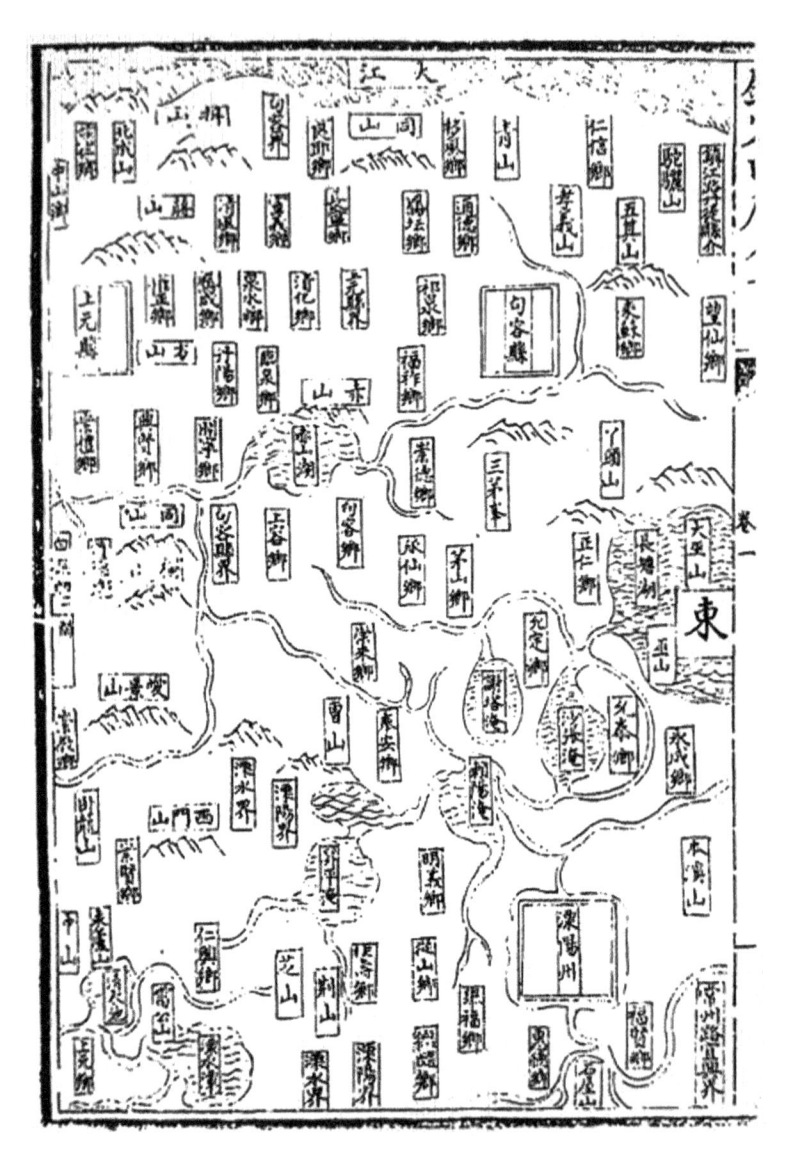

元代溧阳州域水系示意图（元《至正金陵新志》载）

附录二　常州地区不同历史时期的水系示意图

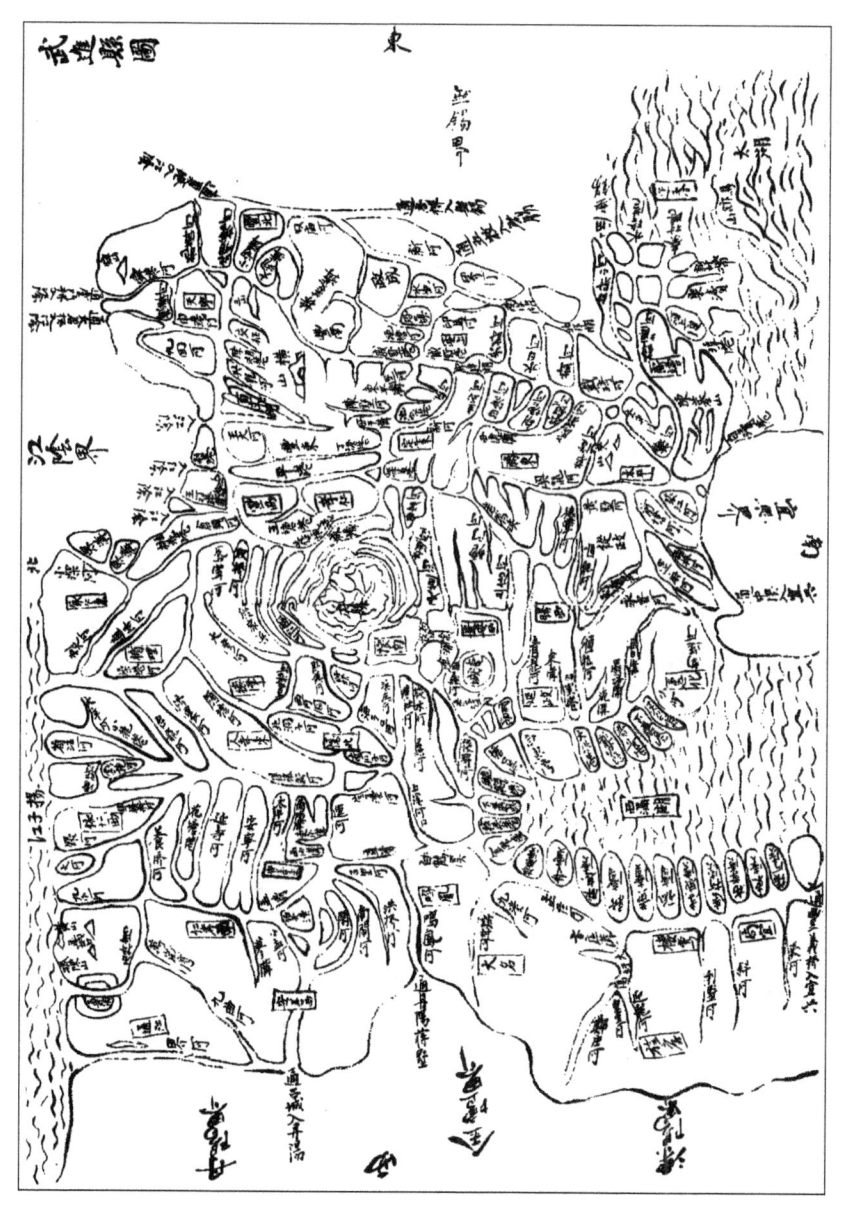

明末武进县县域水系示意图(明万历《武进县志》载)

明末常州城内水系示意图(明万历《武进县志》载)

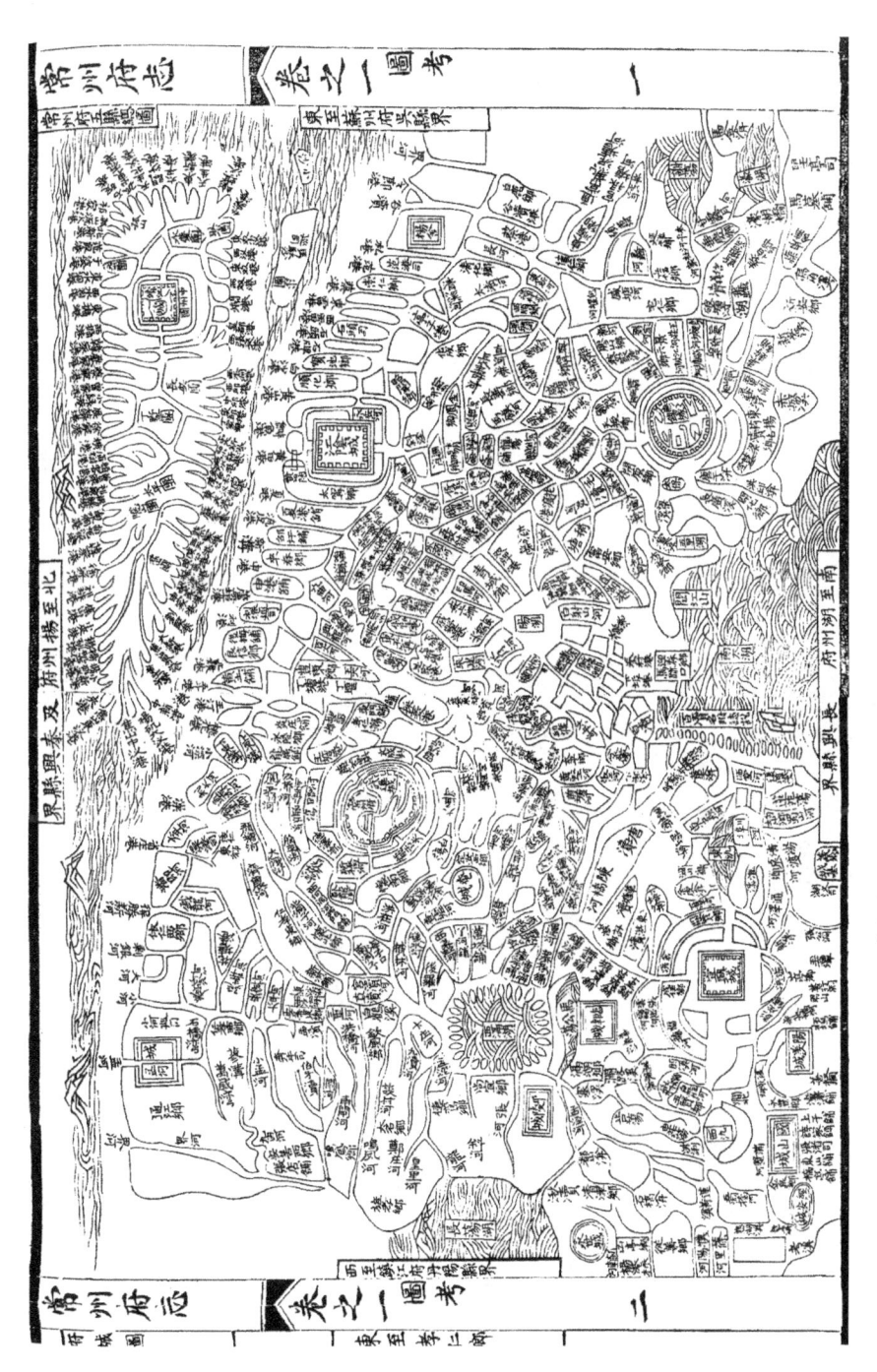

附录二　常州地区不同历史时期的水系示意图

清初常州府周边水系示意图（清《康熙常州府志》载）

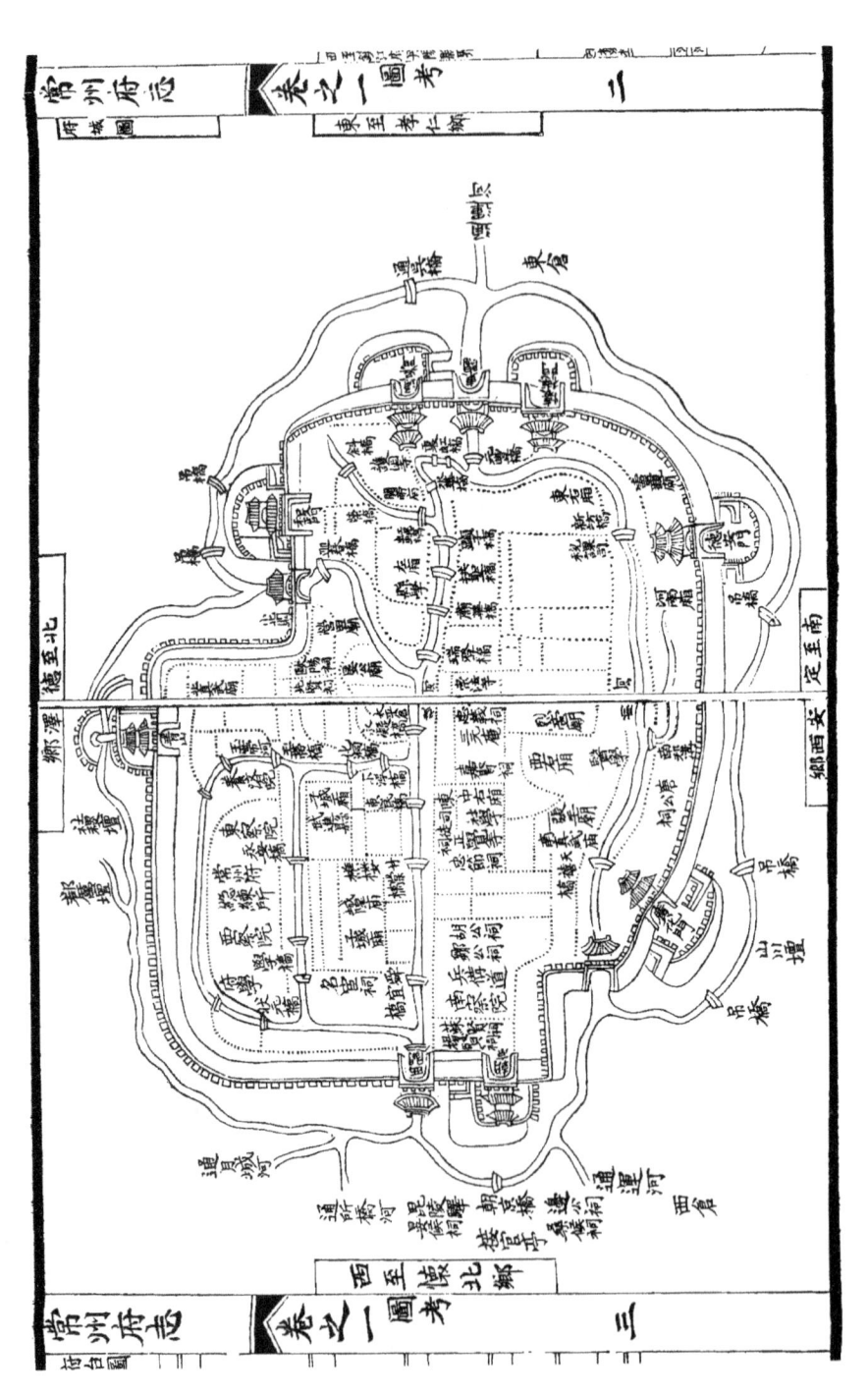

清初常州府城内水系示意图(清《康熙常州府志》载)

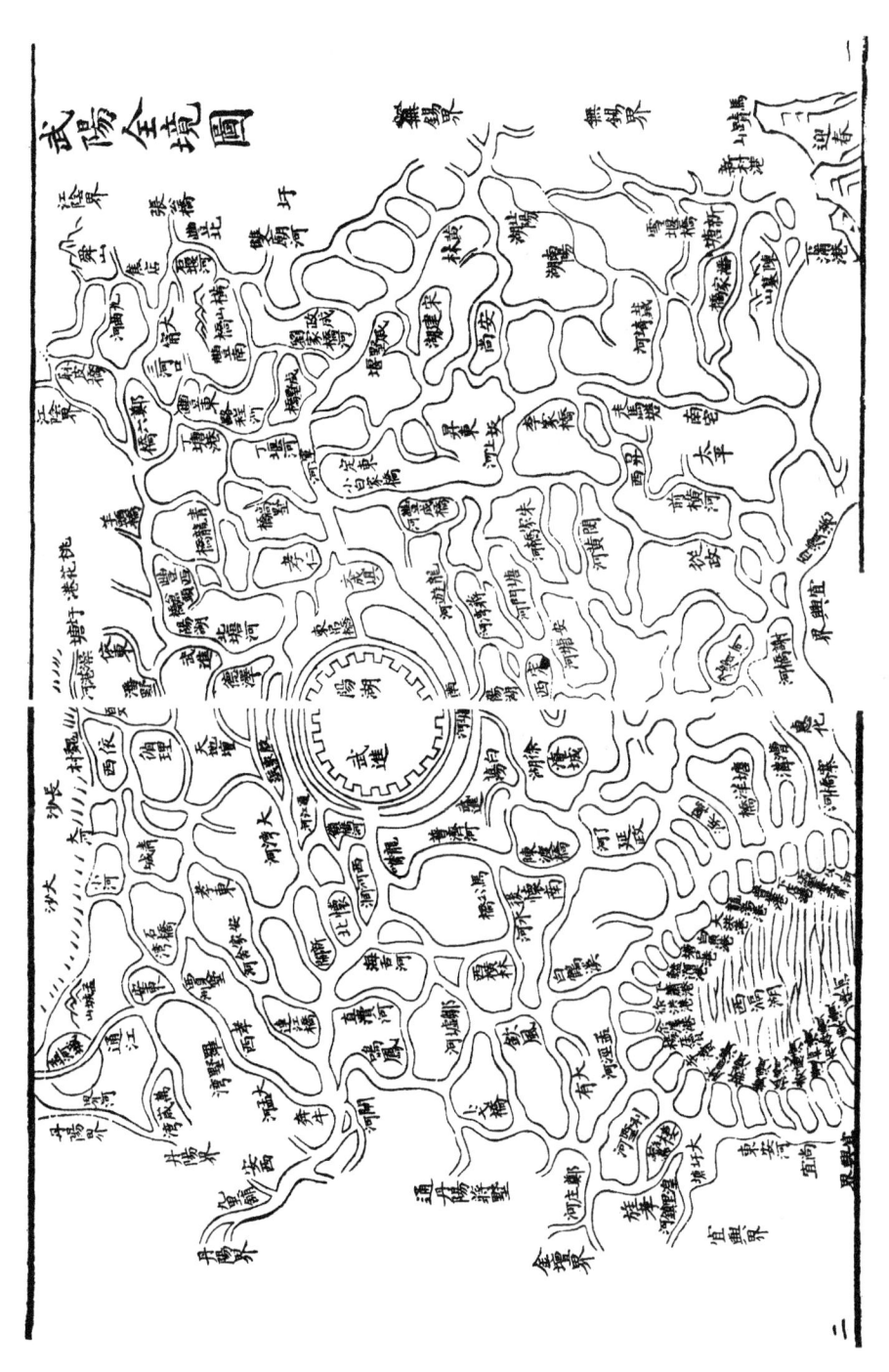

附录二　常州地区不同历史时期的水系示意图

清末武进县、阳湖县域水系示意图(清《光绪武进阳湖县志》载)

清末常州府城内水系示意图(清《光绪武进阳湖县志》载)

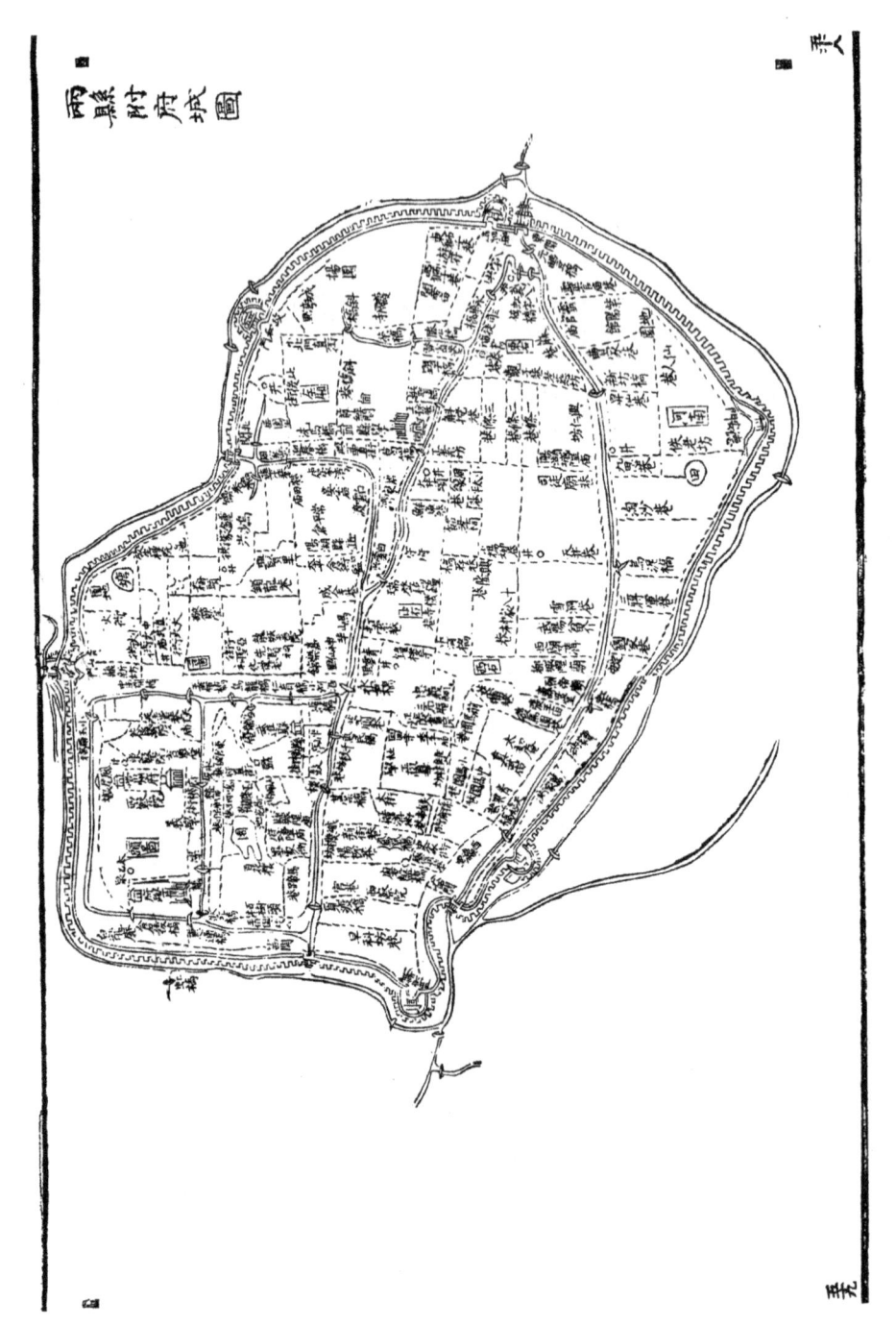

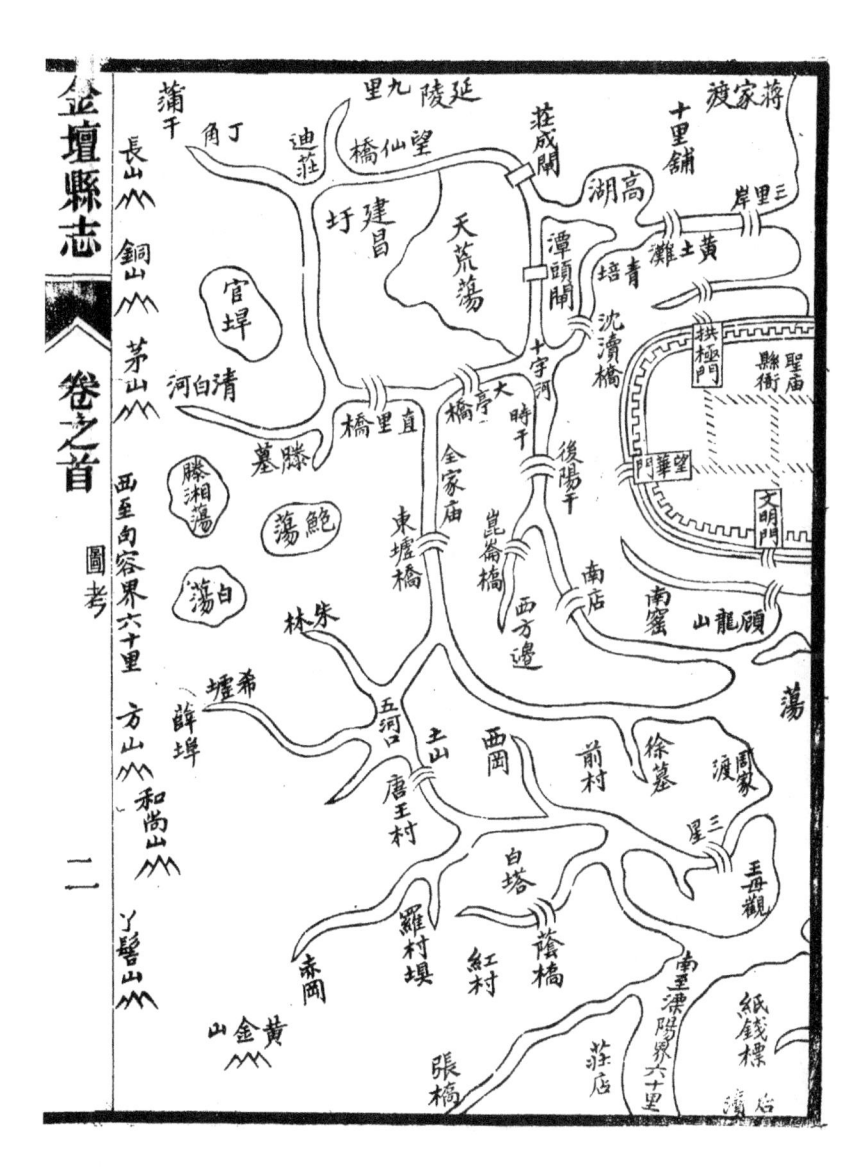

附录二 常州地区不同历史时期的水系示意图

清初金坛县域水系示意图右半图（清《乾隆金坛县志》载）

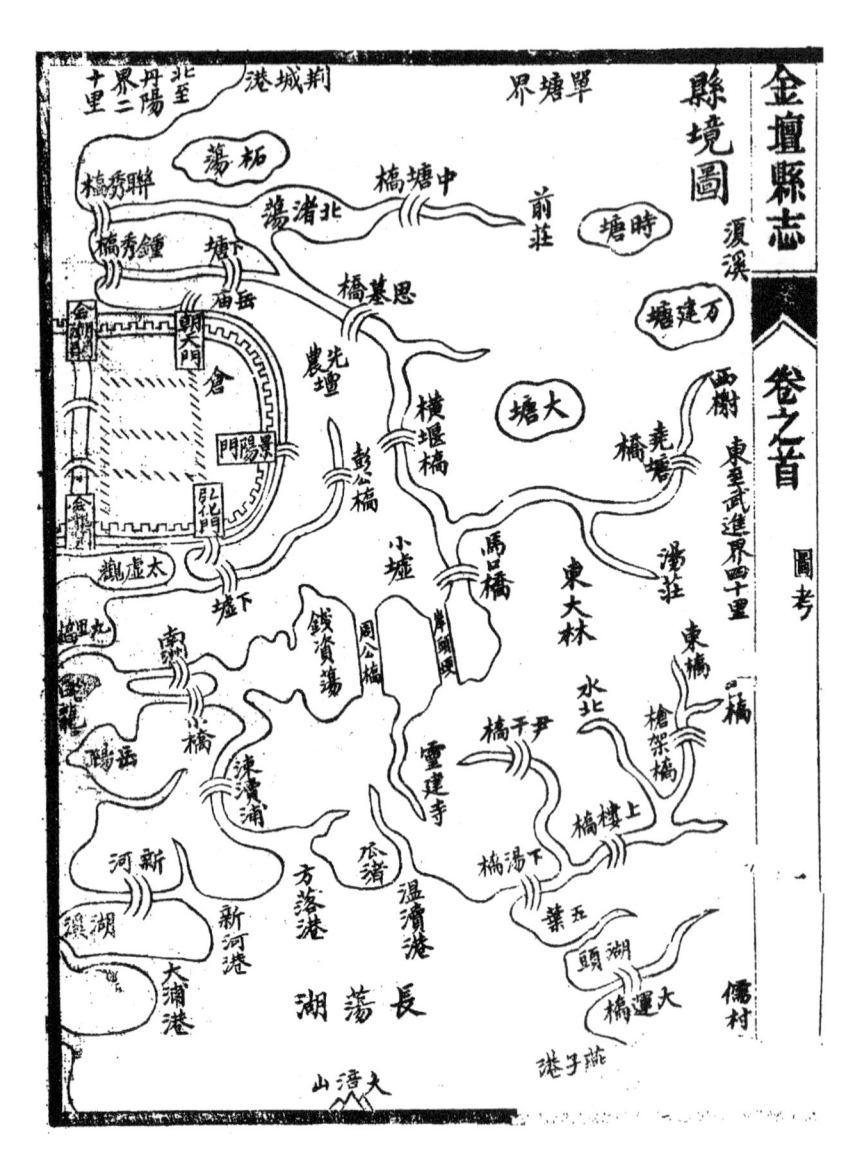

清初金坛县域水系示意图左半图（清《乾隆金坛县志》载）

附录二 常州地区不同历史时期的水系示意图

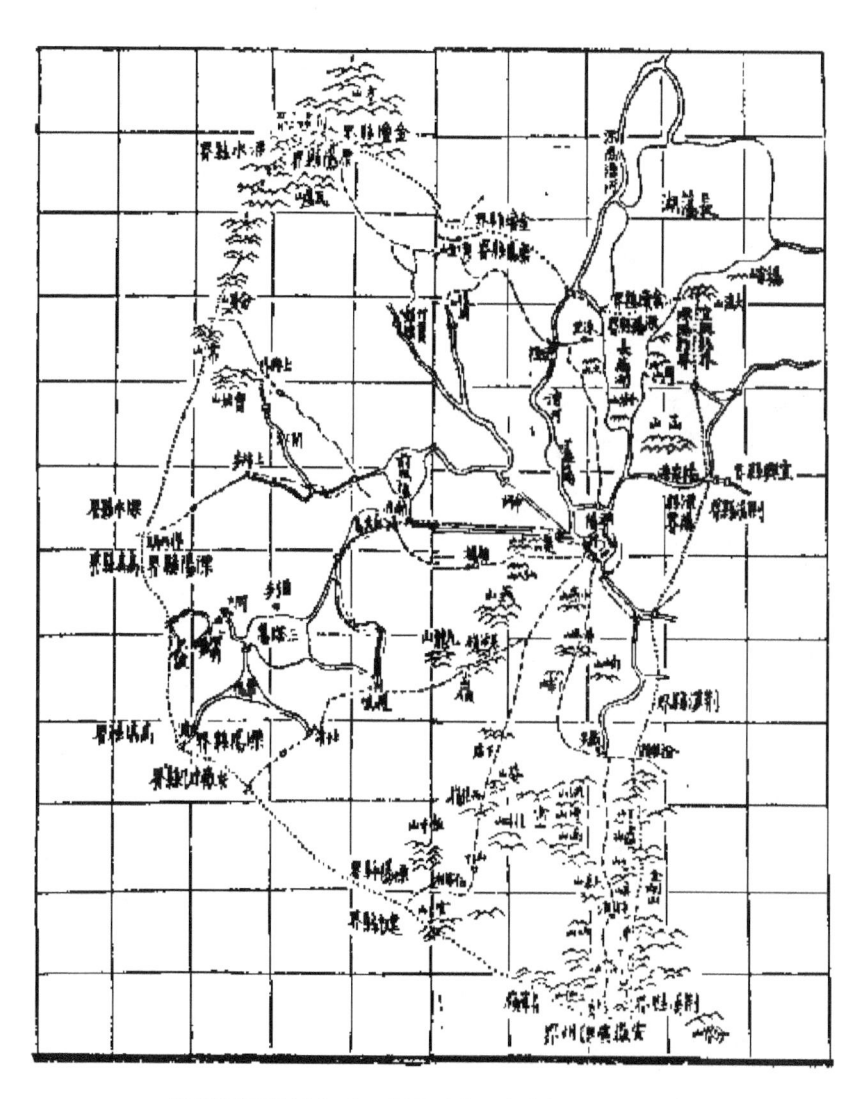

清代溧阳县域水系示意图（清《嘉庆溧阳县志》载）

震泽沧桑——常州古代水利史

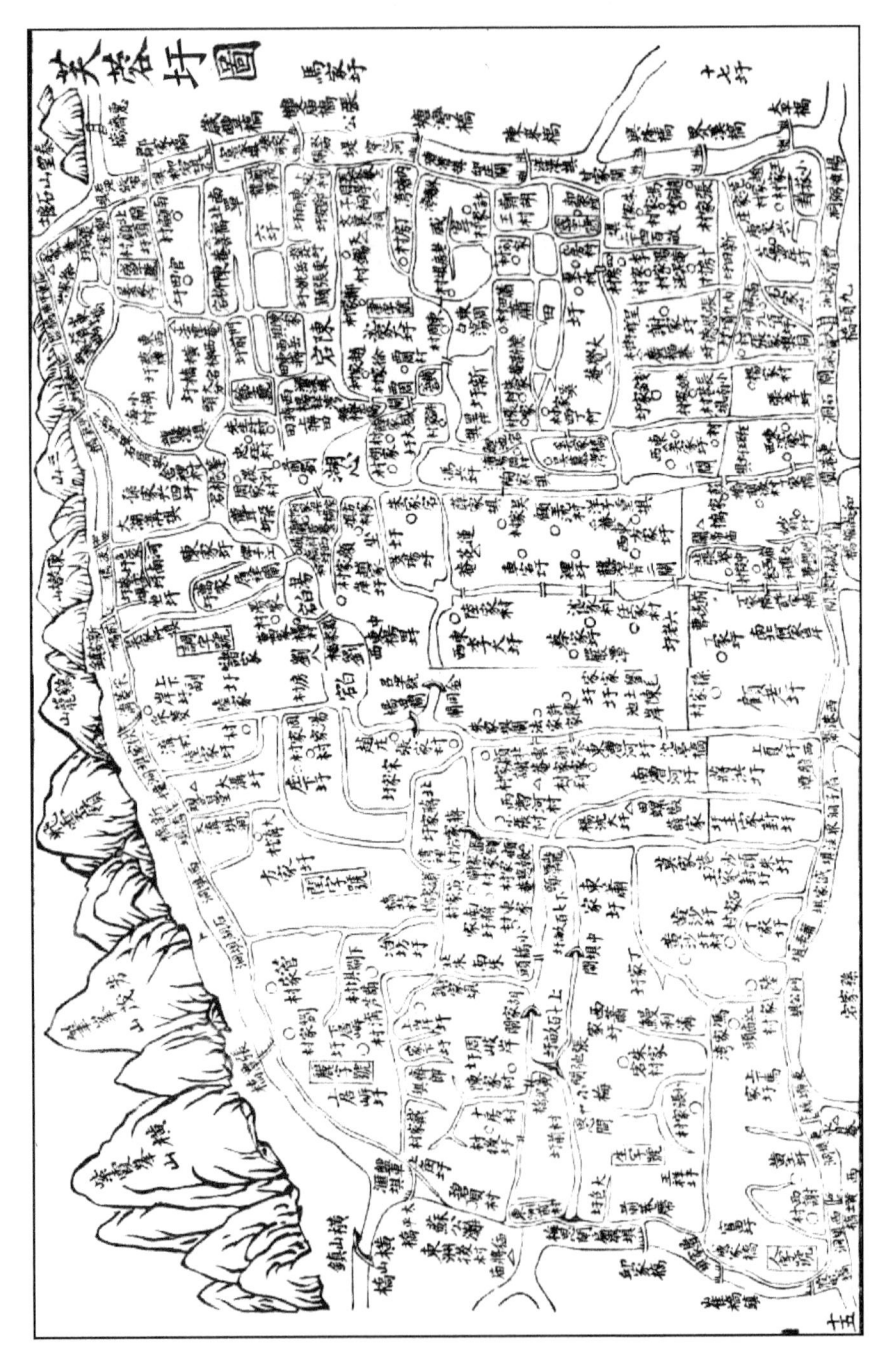

光绪《武进、阳湖县志》芙蓉圩图

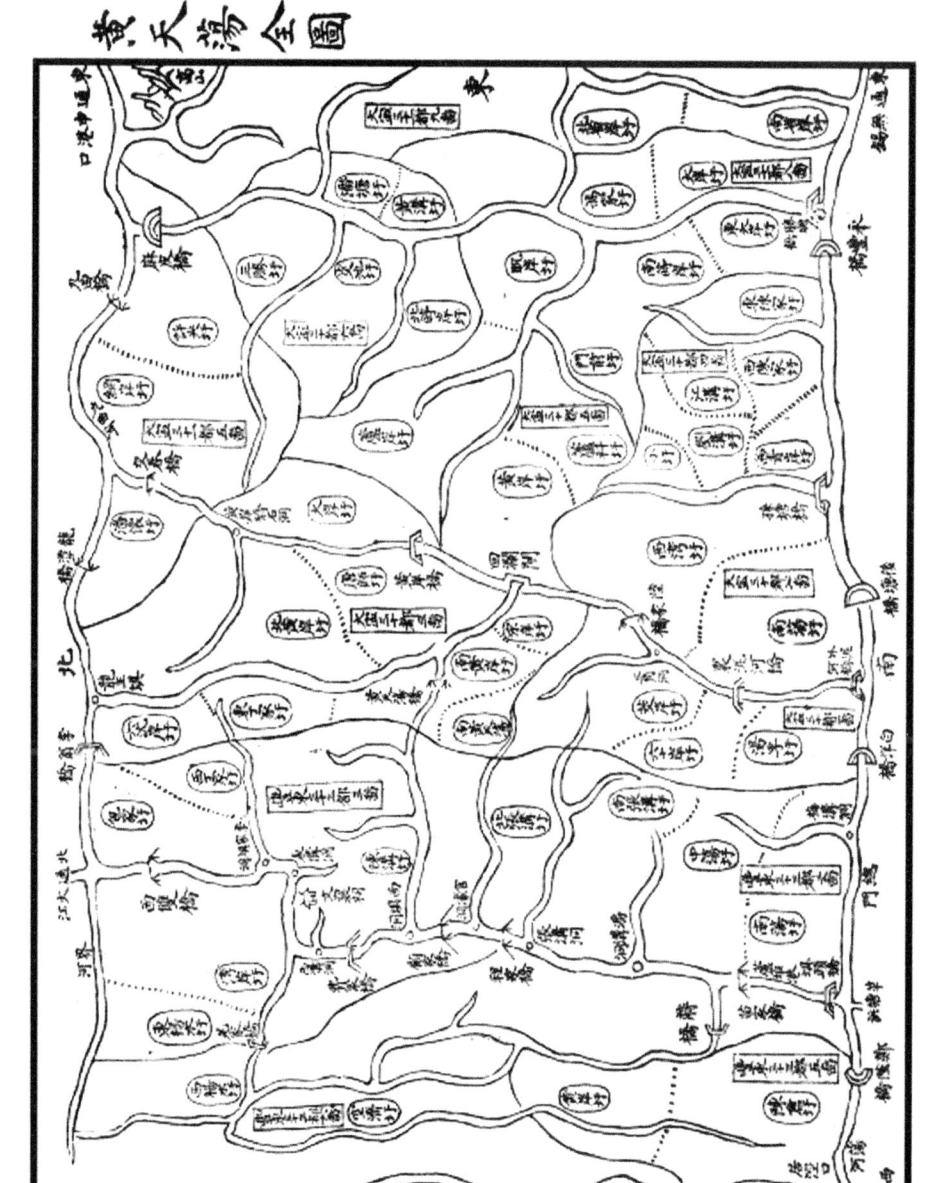

附录二 常州地区不同历史时期的水系示意图

清代黄天荡圩示意图